地面气象综合观测实习指导

王巍巍　张志龙　编著

气象出版社
China Meteorological Press

内容简介

本书是为大气科学及相关专业本科生的地面气象观测实习编写的实践教程。根据地面观测内容介绍了地面气象观测各项目要求、方法和记录规则。包括云、能见度、天气现象、气温、湿度、气压、降水、蒸发、风速、日照、辐射等项目的观测。此外，还包括各个观测设备的维护、地面观测软件使用方法、报表编制、缺测或异常数据的处理方法等。可供大气科学及相关专业本科生作为实验实习教材使用，也可供研究生及从事地面观测等相关业务科技人员参考。

图书在版编目(CIP)数据

地面气象综合观测实习指导 / 王巍巍，张志龙编著
.—北京：气象出版社，2018.7（2020.5重印）
ISBN 978-7-5029-6813-7

Ⅰ.①地… Ⅱ.①王… ②张… Ⅲ.①地面观测-气象观测-高等学校-教材 Ⅳ.①P412.1

中国版本图书馆 CIP 数据核字(2018)第 170920 号

地面气象综合观测实习指导

出版发行：气象出版社
地　　址：北京市海淀区中关村南大街 46 号　　**邮政编码**：100081
电　　话：010-68407112(总编室)　010-68408042(发行部)
网　　址：http://www.qxcbs.com　　**E-mail**：qxcbs@cma.gov.cn
责任编辑：黄红丽　　**终　　审**：吴晓鹏
责任校对：王丽梅　　**责任技编**：赵相宁
封面设计：博雅思企划
印　　刷：三河市百盛印装有限公司
开　　本：720 mm×960 mm　1/16　　**印　　张**：9
字　　数：181 千字
版　　次：2018 年 7 月第 1 版　　**印　　次**：2020 年 5 月第 2 次印刷
定　　价：25.00 元

前　言

大气探测实习课程(南京信息工程大学)是主要针对地面气象观测内容开设的一门实践课,是大气科学及相关专业本科生的必修课。该课程让学生了解气象业务部门的观测运行体制,掌握基本地面气象观测方法,通过规范的观测操作实验训练学生的气象业务基本能力,同时加深对大气探测理论的进一步理解。

近些年来,随着地面观测事业的发展和气象事业的新布局,我们国家的地面观测业务系统进行了改革,经历了初期的以人工站为主,人工、自动站并行,到目前的双套自动站为主的观测方式,地面气象观测内容和要求都有了较大的变动。我们根据大气探测实习教学大纲的基本要求,结合当前最新的气象观测业务需求和课程体系安排,在《大气探测实习讲义》的基础上,为大气科学及相关专业本科生的《大气探测实习》课程编写了《地面气象综合观测实习指导》教材。本教材安排了 16 个实习内容,可供不同专业方向进行 16 学时或 32 学时的讲授。作为以大学本科生为对象的基础教学,保留了包括云、能见度、天气现象、气温、湿度、气压、降水、蒸发、日照时数等在内的人工项目的观测方法,力求让学生直观地实践动手并掌握各要素的观测规范和要求,从最基本、最直观的角度进行观测技能的锻炼。仪器维护是获得准确数据的有效保证,为此我们编写了实习十一用于练习人工、自动站仪器的维护。实习十二到十六为地面观测业务软件的应用,包括软件的基本功能、参数设置、人工数据的输入规则、正点数据维护、日数据的生成、月报表的制作、缺测或异常数据的处理,结合计算机操作,让学生掌握业务软件的基本功能和应用。实习中涉及的天气报告电码、水汽压查算表格、气簿、OSSMO 软件简介等内容见附录 A—G。

本教材地面气象观测概论、实习一到实习十一、实习十六由王巍巍编写，实习十二到实习十五由张志龙、王巍巍编写，王振会教授对全书进行了指导。本教材由南京信息工程大学大气科学与环境气象实验实习教材建设项目（SXJC2017A02）、江苏省高校品牌专业建设工程资助项目（PPZY2015A016）、南京信息工程大学校级教改项目（N1885013236）资助。南京信息工程大学“观云测天”实践计划成员、吴迪老师、夏丽老师、严家德老师、六合气象局周晓明等同志协助拍摄部分照片，并对该教材提出修改意见。在此，一并表示感谢。

限于编者的知识和经验，书中难免有差错和疏漏，请专家和读者批评指正。

作者

2018 年 3 月

目　录

地面气象观测概论

地面气象观测是对地球表面一定范围内的气象状况及其变化过程进行系统地、连续地观察和测定，为天气预报、气象信息、气候分析、科学研究和气象服务提供重要的依据。地面气象观测是每个气象站的基本观测任务之一，要求获取的观测资料必须具有代表性、准确性和比较性。

根据观测业务属性和作用，地面气象观测站分为国家基准气候站(简称基准站)、国家基本气象站(简称基本站)、国家一般气象站(简称一般站)和无人值守的自动气象站。承担辐射观测任务的台站，按照观测项目的多少又划分为辐射一级站、二级站、三级站。

一、地面气象观测任务

地面气象观测工作的基本任务是观测、记录处理和编发气象报告和数据。要求台站在规定的时次，按照观测流程完成气象要素项目的观测和记录；提供实况气象观测数据；按照统一的格式和规定统计整理观测记录，并进行记录质量检查，按时形成并传送观测数据文件和气象报告。对出现的灾害性天气及时进行调查记载。在完成整月逐日观测、相关数据上传后，还需制作地面气象记录月报表，完成整个月观测数据的整理、统计等工作。辐射数据同样需要编制气象辐射记录月报表。在全年数据的基础上，还需要编制地面气象记录年报表。

1. 观测项目

目前观测采用人工和自动观测结合的方式完成。根据台站类型不同，观测次数、观测项目略有不同，观测时次和任务参见表0-1。各台站均须观测的项目：能见度、天气现象、气压、气温、湿度、风向、风速、降水、日照、地温(含草温)、雪深；由国务院气象主管机构指定台站观测的项目包括：云、浅层和深层地温、蒸发、冻土、电线积冰、辐射、地面状态；由省级气象主管机构指定台站观测的项目：雪压以及根据服务需要增加的其他观测项目。

表 0-1　各级别气象台站观测次数

<table>
<tr><th>站别</th><th>人工定时观测次数</th><th>人工定时观测时间</th><th>定时观测任务</th><th>其他说明</th></tr>
<tr><td>一般站</td><td>3</td><td>08、14、20 时</td><td>观测、编发 Z 文件</td><td rowspan="3">10 时前进行夜间数据维护；
20:05 数据整理，编发日数据文件、日照数据文件；
每个定时人工观测前 15 min，开始巡视仪器，正点录入人工观测数据；
自动观测项目每天 24 次定时观测；
值班期间，当重要天气现象达到发报标准时，编发重要天气报。</td></tr>
<tr><td>基本站</td><td>5</td><td>08、11、14、17、20 时</td><td>观测、编发 Z 文件</td></tr>
<tr><td>基准气候站</td><td>5</td><td>08、11、14、17、20 时</td><td>观测、编发 Z 文件</td></tr>
</table>

2. 观测流程

1)人工观测方式每日观测流程

①一般在正点前 30 min 左右巡视观测场和仪器设备，尤其注意地温表状态、湿球温度表球部的湿润状况和冬季湿球融冰等准备工作，强度较大降雨时注意准备好备用储水瓶。

②45—60 分完成定时观测，观测顺序按照地温、云、能见度、天气现象、空气温度和湿度、降水、雪深、风向和风速、气压等发报项目进行观测，其中天气现象要连续观测。

③需要进行雪压、冻土、蒸发、地面状态等项目的观测可在 40 分至正点后 10 分钟内进行。

④日照计在日落后换纸。

⑤电线积冰观测时间不固定，以能测得一次过程的最大值为原则。

⑥00 分后，向软件录入定时观测数据，并上传地面小时数据文件。

⑦按重要天气规定和要求上传编发重要天气报告。

⑧20:05 后上传日数据文件、日照数据文件。

2)人工、自动混合观测方式每日观测流程

①每日日出后和日落前巡视观测场和仪器设备，确保仪器设备工作状态良好、采集器和计算机运行正常、网络传输畅通。

②45—60 分观测云、能见度、天气现象、雪深、雪压、冻土及其他人工观测项目，其中天气现象连续观测。

③正点前 10 分钟查看显示的自动观测实时数据是否正常。

④00 分，进行正点数据采样。

⑤00—01 分，完成自动观测项目的观测，并显示正点定时观测数据，发现有缺测或异常时及时按有关规定处理，并录入人工观测数据。

⑥定时观测结束后，检查小时、报文数据文件传输情况，并及时处理反馈的疑误数据。

⑦日落后换日照纸，20 时后—23 时 45 分上传日照数据文件。

⑧电线积冰观测时间不固定，以能测得一次过程的最大值为原则。

⑨20:05 后上传日数据文件、日照数据文件。

各个台站可根据观测项目的多少和观测时的天气状况确定安排具体的观测程序，要求气压观测时间应尽量接近正点，全站的观测程序必须统一，并且尽量少变动。

3. 气象要素常用单位

各气象要素使用的单位如表 0-2，但需要注意在气簿－1 记录时不需要写单位。如干球温度读数为 12.0 ℃，记录为“12.0”，保留一位小数，而不能写成“12”或“12.0 ℃”。相对湿度为 56.8%，则记录为“57”，保留整数位。

表 0-2　气象要素常用单位

气象要素	单位	记录/保留精度	说明
人工能见度	km	0.1 km	注意：记录最小能见度时以 m 为单位；自动站能见度观测以 m 为单位
云量	成	成	
云高	m	1 m	
风向	方位(°)	方位(°)	
风速	m/s	0.1 m/s	
降水量	mm	0.1 mm	
温度	℃	0.1 ℃	包括干球温度、湿球温度、露点温度、地温、草温、附属温度等
水汽压	hPa	0.1 hPa	
相对湿度	%	%	
气压	hPa	0.1 hPa	包括气压读数、本站气压、海平面气压
日照时数	h	0.1 h	h：小时
冻土深度	cm	1 cm	
雪深	cm	1 cm	
雪压	g/cm^2	1 g/cm^2	克/厘米^2
蒸发	mm	0.1 mm	
电线积冰	mm	1 mm	为厚度、直径单位
	g/m	1 g/m	为重量单位，即克/米
辐照度	W/m^2	1 W/m^2	瓦/米^2
曝辐量	MJ/m^2	0.01 MJ/m^2	兆焦耳/米^2

二、观测场的要求和布局

地面气象观测场地要求设在能较好反映本地较大范围的气象要素特点的地方，场地平坦、空旷，避免受到周围障碍物、地形、工矿企业、公路等的影响。场地一般为25 m×25 m的平整场地，如安装辐射仪器，场地大小为25 m×35 m，南北方向扩展10 m。如果条件不允许，东西和南北方向可分别取16 m、20 m。观测场的经纬度(精确到分)和海拔高度(精确到0.1 m)数据刻在观测场内固定标志上。场内铺设均匀草层，草的高度不能超过20 cm，场地外围一般安装1.2 m高的低反射率护栏，以阻止动物或未经批准的人员进入。

地面观测场内的设备的布置要求相互之间不影响，便于观测操作。观测场内仪器设施的布置可参考图0-1。主要要求如下：

1)高的仪器设施安置在北边，低的仪器设施安置在南边；

2)各仪器设施东西排列成行，南北布设成列。相邻仪器东西间隔不小于4 m，南北间隔不小于3 m，仪器距离观测场边缘护栏不小于3 m；

3)观测场围栏的门一般开在北边，仪器设备紧靠东西向小路，在路南侧安设，值班员应从北面接近观测仪器，避免值班员或其他设备的影子覆盖到地温、辐射、日照等仪器的表面上；

4)辐射观测仪器一般安装在观测场南边，观测仪器感应面不能受任何障碍物影响。如果因条件限制不能安装在观测场内时，总辐射、直接辐射、散射辐射及日照观测仪器可安装在天空条件符合要求的屋顶平台上。而反射辐射和净全辐射观测受下垫面性质影响，要求仪器安装在符合条件的有代表性下垫面的地方。

三、地面值班员要求和职责

1)地面值班员应经过系统业务技术培训，参加业务主管部门定期组织的考核，取得省级或以上业务主管部门认定的地面气象观测业务岗位资格。

2)应熟练掌握地面气象观测技术，遵守观测值班纪律，密切监视天气演变，坚持实事求是，不得涂改、伪造观测记录，积极、认真地按《地面气象观测规范》的要求完成观测任务。

3)负责观测仪器和场地的日常维护，时刻保持仪器和场地处于良好状态，排查设备硬件、业务软件故障，提高技术保障能力。

4)在每次观测时，要及时、认真地填写地面气象观测记录簿，字迹工整清楚，并在计算机软件输入人工观测记录，应按规定的数据格式和编码规定按时发送气象观测数据，编制报表和预审。

5）应积极参加业务主管部门组织的专项业务技术进修培训，不断掌握新的观测业务技术知识和新仪器的使用维护方法。

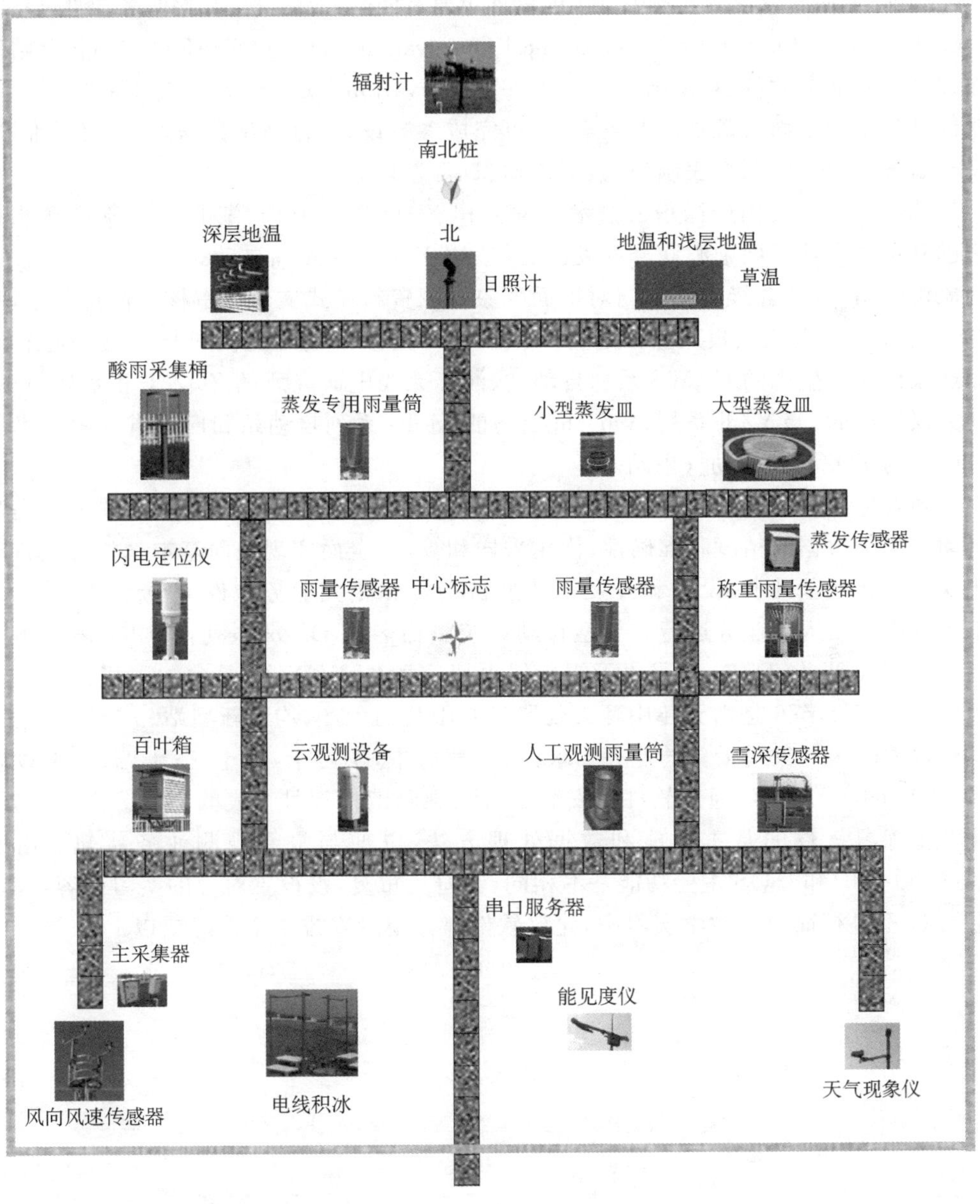

图 0-1　地面观测场仪器布置示意图（不同级别台站，观测设备有所增减）

四、业务软件的应用

当前，地面气象观测业务中常用的软件主要有两个：地面气象测报业务软件（Operational Software for Surface Meteorological Observation，简称为 OSSMO 2004）和台站地面综合观测业务软件（Integrated Surface Observation System，简写为 ISOS）。两个软件都是基于地面气象观测业务需求，可完成参数设置、自动站数据采集、仪器维护、观测编报、数据维护、报表制作、数据传输、日常管理等功能。

OSSMO 2004 由中国华云技术开发公司、安徽省气象局、湖北省气象局和北京华创升达高科技发展中心联合开发研制，适用于人工观测和自动站观测方式的各类气象观测站，以及各级审核部门对地面气象观测资料模式文件的审核及信息化处理。2005 年 1 月 1 日正式投入业务运行。该软件可挂接华创升达高科技发展中心和天津气象仪器厂生产的 CAWS 系列自动站、江苏无线电研究所的 ZQZ_CⅡ系列、长春气象仪器厂的 DYYZⅡ系列、Vaisala 公司的 Molis 系列自动站和广东省气象技术装备中心的 ZDZⅡ型自动气象站。

随着地面气象观测业务改革的推进和气象观测自动化的发展，需要进一步提高自动站采集数据的精度和准确性、优化采样和算法、全面实现地面基本气象要素自动化观测。在此基础上，设计和开发了新型自动站和相关业务软件 ISOS。并于 2014 年 1 月 1 日投入到业务运行。新型自动站统一命名为 DZZx 系列，其中 x 表示不同生产厂家代码，如 DZZ4 型是由无锡无线电研究所生产，DZZ5 是由中国华云技术开发公司生产，DZZ6 是由天津中环天仪股份有限公司生产，均为新型站。

根据中国气象局最新的业务要求，在本教材中，实习十二、十三、十四、十五设置为 ISOS 的实习内容，通过软件的安装、功能、观测编报和月报表的制作等内容设置，让学生练习软件的基本功能和数据处理方法，以便与最新观测业务接轨。由于 OSSMO 2004和 ISOS 主要功能基本相同，为避免重复，没设置对应的实习内容，仅在附录 G 里进行简介。教学实习中，建议软件部分至少安排 4 个课时或以上。

实习一　云的观测

一、实习目的

通过人工观测，学会判断各种云状，估计云量和云高，并掌握云的记录方法和选定相应的电码。熟练掌握各种云的简写和云的特征。当阳光强烈时，注意在无任何防护措施时，避免长时间看太阳的方向。建议在实习中，连续观测云的变化，加强练习。

二、实习内容

1. 云的观测要求

云的人工观测主要包括四个内容：判定云状、估计云量、测定云高和选定云码。

观测地点：以能看到全部天空及地平线的开阔地点为宜，楼顶平台也可。

云的观测对于初学者难度较大，要注意抓住云的主要特征。当有降水天气现象出现时，注意该现象与云的配合。也可结合雷达和卫星云图上云的特征、演变情况，综合进行判断。观测时，如阳光较强或者空气质量不佳时，须戴黑色(或暗色)眼镜。

傍晚时，应注意天空云的状况和演变趋势，为夜间观测打下基础。观测前应先到黑暗处停留一段时间，待眼睛适应环境后再进行观测。观测时，可根据视觉，结合星光的疏密、清晰程度，云体的颜色、移动速度以及伴见的天气现象和实测云高，参照傍晚观测到的云的状况进行云状的判别和云量的估计。

2. 云状的判定及记录方法

观测时主要根据天空中云的外形特征、结构、色泽、排列、高度以及伴见的天气现象，参照《中国云图》(中国气象局，2004)，经过认真细致的分析对比判定是哪类云(见表 1-1)。判定云状要特别注意云的连续演变过程，对相似云要认真区别。

表 1-1　云状分类表

云族	云属		云类	
	学名	简写	学名	简写
低云	积云	Cu	淡积云	Cu hum
			碎积云	Fc
			浓积云	Cu cong
	积雨云	Cb	秃积雨云	Cb calv
			鬃积雨云	Cb cap
	层积云	Sc	透光层积云	Sc tra
			蔽光层积云	Sc op
			积云性层积云	Sc cug
			堡状层积云	Sc cast
			荚状层积云	Sc lent
	层云	St	层云	St
			碎层云	Fs
	雨层云	Ns	雨层云	Ns
			碎雨云	Fn
中云	高层云	As	透光高层云	As tra
			蔽光高层云	As op
	高积云	Ac	透光高积云	Ac tra
			蔽光高积云	Ac op
			荚状高积云	Ac lent
			积云性高积云	Ac cug
			絮状高积云	Ac flo
			堡状高积云	Ac cast
高云	卷云	Ci	毛卷云	Ci fil
			密卷云	Ci dens
			伪卷云	Ci not
			钩卷云	Ci unc
	卷层云	Cs	毛卷层云	Cs fil
			薄幕卷层云	Cs nebu
	卷积云	Cc	卷积云	Cc

云状记录按表 1-1 中二十九类云的简写字母记录，只要天空有云就必须记录云状。当观测到多种云状同时出现时，云量多的云状记在前面；云量相同时，记录先后次序自定；无云时，云状栏保持空白。

气簿-1 中 $C_LC_MC_H$ 指的是低云、中云、高云分别对应的电码，根据编报规则，从 0—9 和 X 分别选取合适的电码，详见附录 A。

3. 云量的判定及记录方法

云量是指云遮蔽天空视野的成数(以 0、1 成、2 成、……、10 成代表天空云量的多少)。估计云量的地点应尽可能见到全部的天空。当部分天空被山、房屋等障碍物遮蔽时，云量应从未被遮蔽的天空中估计；如果一部分天空被降水遮蔽，这部分天空应被看为产生降水的云。

云量观测包括总云量和低云量(记为：总云量/低云量)。总云量是指观测时天空被所有的云遮蔽的总成数，低云量是指天空被低云族的云遮蔽的成数，两者均记录为整数。

举例如下：

例 1：全天无云，总云量记 0，低云量记 0，记为：0/0；

例 2：天空完全为云所遮蔽，其中低云占 2 成，则总云量记 10，低云量记 2，记为：10/2；

例 3：天空完全为低云所遮蔽，但只要从云隙中可见青天，记为：$10^-/10^-$；

例 4：天空仅有中云，云占全天十分之 4，记为：4/0；

例 5：如果天空有少许高云，其量不到天空的十分之零点五时，记为：0/0。

注意，在 OSSMO 或 ISOS 软件输入界面，当天空无云时，不输入“0”，保持空白。

4. 云高的观测及记录方法

云高指云底距测站的垂直距离，以米为单位，记录取整数，人工观测中要求记录天空中最低云的云高。实习中以目测的方法估计云高。云高记录方法为：云高数值前加记云状。该处云状只记十个云属和 Fc、Fs、Fn 三个云类，不同于云状栏的记录。

注意，目前自动观测中用云高仪测量的云高，通常为云高仪天顶处云的高度，不等同于人工观测的最低云的云高。

例 1：天空仅有 As op，估计云高为 3200 m，则记为：As 3200。

例 2：天空有 Ci fil、Cu hum、Fn，其中 Fn 最低，估计云高为 400 m，则记为：Fn 400。

例 3：天空仅有 Cc，估计云高为 6500 m，则记为：Cc 6500。

一般，各个台站根据多年观测积累，给出当地常见云的云底高度和云高在不同季节的代表值，以南京地区为例(引自南京基准气候站)，见表 1-2。

表 1-2 南京常见云高表 （单位：m）

云状	上限	下限	平均	常见范围	春	夏	秋	冬
Ci	9400	4200	6300	5000～7000	6800	6300	6200	6200
Cs	9400	4100	6100	5000～7000	5800	6500	6300	5800
Ac	7000	1400	3600	2500～4500	3400	3900	4100	3300
As	6000	1400	3400	3000～3500	3200	3100	3900	3500
Sc	3200	200	1500	500～1500	1400	1500	1300	1400
Ns	1700	500	1100	500～1000	1600			800
St	300	100	200	＜500		200		100
Fs,Fc,Fn	1100	100	400	＜500	400	400	400	400
Cu	1400	400	800	500～1000	500	700	900	
Cb	3300	300	1500	1000～2000			1400	

5. 特殊情况下云的观测和记录

当因雾、霾、雪暴等现象导致天空状况不明时，云状、云量的记录方法如下例。

例 1：因雪暴、雾使天空的云量、云状无法辨明时，总、低云量记 10，云状栏记该现象符号。

例 2：因吹雪、雾、轻雾使天空的云量、云状不能完全辨明时，总、低云量记 10，云状栏记该现象符号和可见的云状。

例 3：虽有吹雪、雾的现象，但天空的云量、云状可完全辨明时，则按正常情况记录。

例 4：因烟幕、霾、浮尘、沙尘暴、扬沙等视程障碍现象使天空云量、云状全部或部分不明时，总、低云量记“—”，云状栏记该现象符号或同时记录可辨明部分的云状；若透过这些天气现象能完全辨明云量、云状时，则按正常情况记录。几种特殊情况下云量、云状的记法举例，见表 1-3。

表 1-3 几种特殊情况下云量、云状的记法举例

观测时天空实况	有雾，整个天空可辨，有 4 成 Ac tra	有雾，天顶或部分天空可辨，可见 Ac tra	有雪暴，天空不明	有沙尘暴，天空不明	有浮尘，整个天空可辨，无云	总云量为 10，无缝隙。下层布满 Sc cug，从云隙中可见上层有 Ac，但类别不能确定	总云量为 10，无缝隙。下层布满 Sc tra，从云隙中可见上层有云，云状无法判定
总云量/低云量	4/0	10/10	10/10	—/—	0/0	10/10^{-}	10/10^{-}
云状	Ac tra	≡ Ac tra	✥	S→		Sc cug Ac	Sc tra —

三、实习及练习

1)根据实际天空分布，连续进行云状、云量、云高的判定，并记录在表 1-4 上，进一步观测云的演变。

表 1-4　云的演变记录表

时间							
总/低云量							
云状							
云高							

2)根据教师提供的图片或实际天空状况，辨别相似云。

3)根据云高仪观测数据，对比观测天顶处云状和云高。

实习二　能见度的观测

一、实习目的

通过实习，掌握人工估计有效水平能见度的方法和记录，学会选择合适的目标物，锻炼不同天气条件下的能见度观测能力。观测能见度必须选择在视野开阔，能看到所有目标物的固定地点作为能见度的观测点。需要注意的是，观测者视力要求在正常以上。

二、实习内容

1. 能见度的观测要求和记录

人工观测能见度，一般指有效水平能见度，即指四周视野中二分之一以上的范围能看到的目标物的最大水平距离。当人工观测能见度$<$10.0 km时，需要记录视程障碍现象。

记录方法：能见度观测记录以千米(km)为单位，取一位小数，第二位小数舍去，不足0.1 km记录为“0.0”。例：能见度为3000 m，记为“3.0”。

2. 白天能见度的观测

观测四周事先测定的各目标物，根据“能见”的最远目标物和“不能见”的最近目标物，从而判定当时的能见距离。如某一目标物轮廓清晰，但没有更远的或看不到更远的目标物时，可参考下述几点酌情判定：

1）目标物的颜色、细微部分（如村庄的单个树木、远处房屋的门窗等）清晰可辨时，能见度通常可定为该目标物距离的五倍以上；

2）目标物的颜色、细微部分隐约可辨时，能见度可定为该目标物距离的两倍半到五倍；

3）目标物的颜色、细微部分很难分辨时，能见度可定为大于该目标物的距离，但不应超过两倍半。

运用以上几点时，应考虑到目标物的大小、背景颜色、当时的光照等情况，并参照两个以上方向目标物综合加以判断。

以中国气象局综合观测培训实习基地（南京）为例，周围目标物分布图如图 2-1 所示，表 2-1 为对应的能见度目标物距离、角度表。

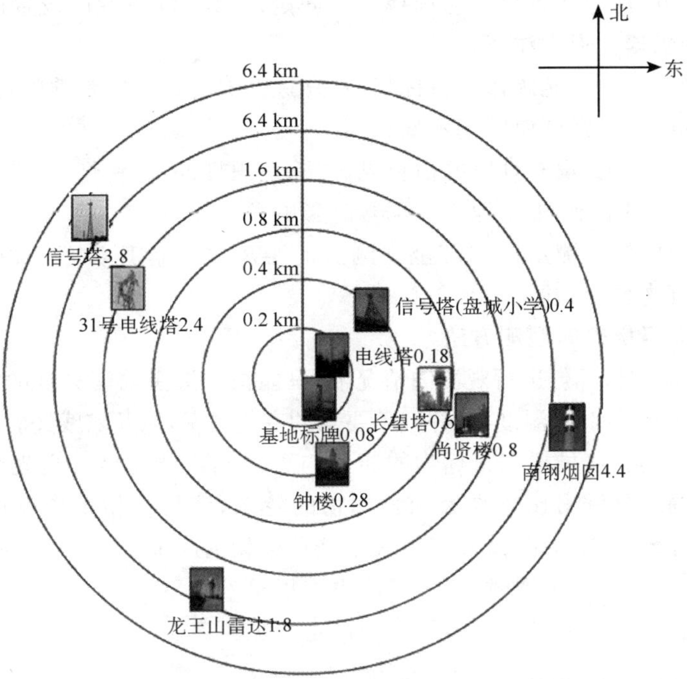

图 2-1　能见度目标物分布图

表 2-1　能见度目标物登记表

目标物（顺时针排列）	距离（km）	方位	目标物（顺时针排列）	距离（km）	方位
电线塔	0.18	19°	钟楼	0.28	163°
信号塔（盘城小学）	0.4	30°	基地标牌	0.08	163°
长望塔	0.6	84°	龙王山雷达	1.8	209°
南钢烟囱	4.4	97°	31 号电线塔	2.4	300°
尚贤楼	0.8	99°	信号塔	3.8	318°

例 1：因受周边环境所限，观测时看到的最远目标物是南钢烟囱，距离为4.4 km。如果当时天空能见条件较好，能清楚看到烟囱上的不同色块，可将 4.4 乘以一个大于 5 的倍数，得到当时的能见度。

例 2:观测时能看清 1.8 km 的龙王山顶雷达,但南钢的烟囱仅部分辨识出,此时能见度估计要低于 4.4 km,但要高于 1.8 km。

3. 夜间能见度的观测

方法一:根据灯光目标物距离

有条件地方,均应在各个方向选择一些固定的目标灯或专门设置的目标灯作为观测能见度的依据。但应注意:

1)应选择孤立的点光源作为目标灯,不宜选择成群、成带、重叠的灯光;

2)目标灯的灯光强度应固定不变;

3)应是不带颜色、没有灯罩的白色光源(除白炽灯外,碘钨灯、汞灯等均不适宜);

4)应位于开阔地带,不受地方性烟雾的影响。

选择目标灯后,应测定目标灯至观测点的距离并了解其功率,以及专设的目标灯,并绘制成灯光目标物图。

方法二:无目标灯时观测方法

在无条件利用目标灯进行观测的情况下,只能根据天黑前能见度的实况和变化趋势,结合观测时天气现象、湿度、风等气象要素的变化情况,以及实践经验加以判定。

当月光较明亮时,可根据目标物的能见与否来判定能见度。当光照条件比较差时,只要能隐约地分辨出比较高大的目标物的轮廓,该目标物距离就可定为能见距离;如能清楚分辨时,能见距离可定为大于该目标物的距离。

用方法一或方法二观测时,值班员应先在黑暗处停留 5～15 分钟,待眼睛适应环境后进行观测,根据最远目标灯能见与否确定能见距离。

4. 能见度仪的观测

气象台站,能见度的自动观测大多使用前向散射式能见度仪,以米为单位,与人工观测的水平能见度原理不同,能见度仪测量的是气象光学视程(MOR,Meteorological Optical Range)。在实际观测中,MOR 与人工观测能见度比值约为 3∶4。因此,利用能见度仪观测数值判断视程障碍现象时,当能见度仪 10 分钟滑动平均的能见度<7500 m,认为视程障碍现象开始出现。在高湿环境下,当能见度仪 10 分钟滑动平均的能见度<750 m,判断为雾(如图 2-2)。

根据《地面气象观测场规范化图册》要求,采用独立的能见度立柱安装,安装高度为 2.8 m。能见度分钟数据文件名为 IIiii_Visibility_value_yyyyMMDD.TXT,其中 IIiii 为区站号,yyyy 表示年份,MM 为月份,用数字表示,DD 为日期,月和日期不足两位时,前面补“0”。每天产生一个数据文件。以 DNQ1 前向散射式能见度仪为例:

测量范围:10～35000 m;

精度：±10％(10～10000 m)，

±15％(10～35 km)；

仪器一致性：+5％；

时间常数：60 s；

更新间隔：15 s；

能见度仪 1 min 采集四次能见度数据。

在分钟资料中，储存 1 min 平均能见度和 10 min 平均能见度的值。计算 1 min 内采样数据的算术平均值计算 1 min 平均能见度值；并记录分钟最大、最小能见度及出现时间。10 min 滑动平均数据是以 1 min 为时间步长，对每分钟的 1 min 平均值求每分钟的 10 min 滑动平均。并记录 10 min 最大、最小能见度及出现时间。小时内最小能见度取小时内最小 10 min 平均能见度。例如，雾发生期间，1 min 平均和 10 min 滑动平均能见度数值变化见图 2-2。

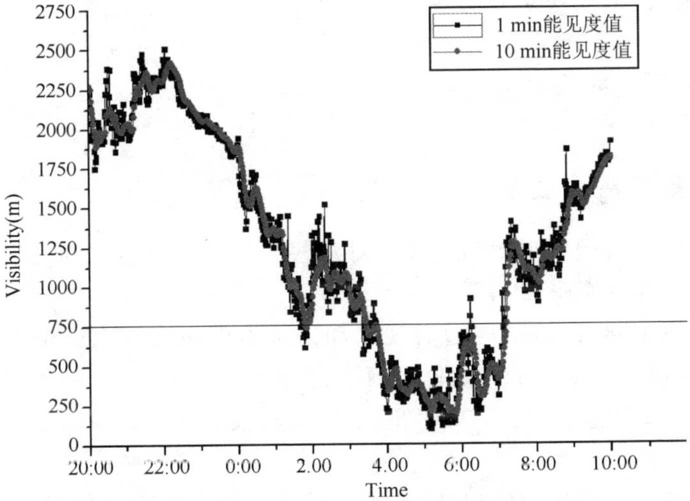

图 2-2　雾发生期间，1 min 平均和 10 min 滑动平均能见度数值变化

(图中横轴 Time 为时间，纵轴 Visibility 为能见度)

三、实习及练习

1)根据观测站周边目标物及目标灯分布情况，制作一份目标物分布图。

2)参考不同方向、不同距离的目标物，练习能见度的人工观测与记录，并与能见度仪数据进行平行对比观测。

3)画出不同天气条件下能见度日变化图，进行分析。

实习三　天气现象的观测

一、实习目的

明确各种天气现象定义，熟练掌握天气现象符号和记录规则；掌握复杂天气现象记录方法。要求关注天气现象的连续变化。

二、实习内容

1. 天气现象的观测要求

天气现象必须随时进行观测和记录。对某些天气现象所造成的灾害，还应及时进行调查记载。观测注意事项如下。

1)与正点观测不同，值班员应随时观测和记录出现在视区内的全部天气现象。实习过程中，参考夜间不守班的气象站的要求：白天(08—20 时)保持人工连续观测；夜间(20—08 时)出现的天气现象，应尽量判断记录，仅将天气现象符号记在夜间栏，不记起止时间。

2)为正确判断某一现象，有的时候还要参照气象要素的变化和其他的天气现象综合进行判断。例如：不同降水类型降水与云的配合；轻雾和霾的判断要结合相对湿度的变化。

3)凡与水平能见度有关的现象，均以有效水平能见度为准，并在能见度观测地点观测判断天气现象。

2. 天气现象类别及记录规定

1)天气现象类别

《地面气象观测规范》定义的 34 种天气现象符号如表 3-1 所示。在气簿-1 中，要求将出现的天气现象对应的符号记录在天气现象栏内，一日的天气现象完整记录包括从前一天 20:00 到今日 20:00 这一时间段内出现的需要记录的天气现象。

表 3-1　天气现象符号表

现象名称	符号	现象名称	符号	现象名称	符号	现象名称	符号
雨	•	阵雨	$\dot{\bigtriangledown}$	毛毛雨	,	雪	⚹
阵雪	$\overset{⚹}{\bigtriangledown}$	雨夹雪	$\overset{\cdot}{⚹}$	阵性雨夹雪	$\overset{\dot{⚹}}{\bigtriangledown}$	冰雹	△
露	Ω	霜	⊔	雾凇	V	雨凇	∾
雾	≡	轻雾	=	霾	∞	沙尘暴	$\vec{S}$
扬沙	$	浮尘	S	大风	⨍	积雪	⊠
结冰	$\overline{\sqcup}$	雪暴	✥	霰	$\underset{\triangle}{⚹}$	米雪	$\overline{\triangle}$
冰粒	◬	雷暴	☈	龙卷	)(	冰针	↔
吹雪	⇸	闪电	☇	尘卷风	§	烟幕	Γ
飑	∀	极光	⏝				

2)记录规则

①天气现象按出现的先后顺序记录。下列天气现象应记录开始与终止时间(精确到时、分):雨、阵雨、毛毛雨、雪、阵雪、雨夹雪、阵性雨夹雪、霰、米雪、冰粒、雪暴、冰雹、雾、雨凇、雾凇、沙尘暴、扬沙、浮尘、大风,其中霰、米雪、冰粒、雪暴均以雪的符号(⚹)进行记录。

例:某日,小雪从 9:15 一直下到 10:26,记为:⚹ 9^{15}—10^{26}

②下列天气现象出现时不记起止时间,仅记录该天气现象的符号:轻雾、露、霜、积雪、结冰、霾。

例:当清晨有露出现时,记为:Ω

③天气现象正好出现在 20 时,不论该现象持续与否,均应记入次日天气现象栏;如正好终止在 20 时,则应记在当日天气现象栏。

④现象正好出现在 08 时,不论该现象持续与否,均应记入“白天”栏;如正好终止在 08 时,则记在“夜间”栏;如该现象从夜间持续至 08 时以后,则按规定分别记入两栏。

⑤凡同一现象一天内出现两次或以上时,其第二次及之后出现的起止时间,可接着第一次起止时间分段记入,不再重复记录该现象符号。

例:某日,16:05 突降阵雨,下到 16:23,暂停,又从 16:40 下到 17:05 停止,记为:

$\dot{\nabla}$ 16^{05}—16^{23}　16^{40}—17^{05}

⑥大风的起止时间，凡两段出现的时间间歇在 15 分钟或以内时，应作为一次记载；若间歇时间超过 15 分钟，则另记起止时间。

例如：某日大风实际出现时间是：13^{02}—13^{04}　13^{06}—13^{07}　13^{22}—13^{25}　13^{41}—13^{42}　13^{44}—13^{45}则气簿-1 应记为：⚑ 13^{02}—13^{25}　13^{41}—13^{45}

⑦最小能见度的记录规定

当沙尘暴、雾、雪暴以及浮尘、吹雪、烟幕、霾等现象能见度小于 1.0 km 时，应观测和记录最小能见度，记录加方括号“[　]”，以 m 为单位。每一个现象出现时，每天只记录一个最小能见度。

例：≡ 6^{15}—7^{57}[300]

　　$S\!\!\!\!\rightarrow$ 2^{20}—3^{40}[600]4^{25}—6^{50}

⑧雷暴、龙卷的记录

当有雷暴或龙卷出现时，不记录在气簿-1 里，而是记录在值班日记中，作为重要天气报编发的依据。

龙卷的记录规则同雨，需要记录起止时间。

雷暴应从整体出发判别其系统，记录其起止时间和开始、终止方向，切忌零乱记载。

起止时间的记法：以该系统第一次闻雷时间为开始时间，最后一次闻雷时间为终止时间。两次闻雷时间相隔 15 分钟或以内，应连续记载；如两次间隔时间超过 15 分钟，须另记起止时间。如仅闻雷一声，只记开始时间。

方向的记法：按八方位记载。以该系统第一次闻雷的所在方位为开始方向，最后一次闻雷的所在方位为终止方向。若雷暴始终在一个方位，只记开始方向；若雷暴经过天顶，要记天顶符号“Z”；若起止方向之间达到 180°或以上，须按雷暴的行径，在起止方向之间加记一个中间方向；当起止方向不明或多方闻雷而不易判别系统时，则不记方向。

例如：κ 12^{47}_{NW}—13^{20}_{W}　14^{40}_{W-Z-SE}—15^{11}

⑨冰针、吹雪、闪电、尘卷风、烟幕、飑、极光 7 种天气现象不再观测和记录。

⑩没有出现需要记录的天气现象，天气现象栏保持空白。

三、实习及练习

1)完整记录一周的天气现象。

2)根据下列天气，完成天气现象的记录。

某日下午积雨云发展，16：12 狂风突起，风力达 18.2 m/s，16：18 风力减至

17.0 m/s以下，16:14 降雨，16:22 雨停。16:25 西北方向有雷声，16:35(北)、16:40(北)、16:46(东北)、16:56(东)、17:12(东南)、17:27(东南)最后闻雷。

3)根据下列天气，完成天气现象的记录。

某日 08:00 一直到 17:50 为霾，相对湿度保持在 70%以下，人工观测能见度数值在10.0 km以下，之后相对湿度逐渐上升，19:00 相对湿度为 85%，能见度6.3 km。

4)根据历史记录，统计一个月出现的天气现象及出现频率。

实习四　气温和湿度的观测

一、实习目的

掌握干球温度、最高温度、最低温度、湿球温度的观测方法，并会计算水汽压、露点温度、相对湿度等湿度参量。

二、实习内容

1. 气温的观测

1）玻璃温度表观测方法和记录

①观测干球、湿球、最高温度表时必须保持视线和水银柱顶端齐平，观测最低温度表示数时，眼睛应平直地对准游标离感应部分的远端位置，以避免视差（如图 4-1）。

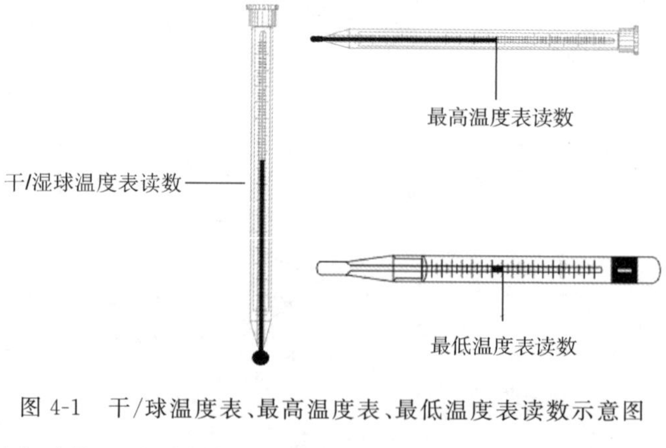

图 4-1　干/球温度表、最高温度表、最低温度表读数示意图

②读数时要求动作迅速、敏捷，不要对着温度表呼吸，尽量缩短停留和百叶箱开门的时间，并且勿使头、手和灯接近感应部位，以避免影响温度示数。

③温度表读数以摄氏度(℃)为单位,取一位小数。温度在 0 ℃以下时,应加负号(—)。

④注意复读,以避免发生误读或颠倒零上、零下的差错。

观测读数记入观测簿相应仪器“读数”栏内,并按该温度表出厂时或最新的检定证书进行器差订正。以订正后的数值作为真实记录。

2)湿球温度表融冰观测方法

冬季,当温度低于 0 ℃时,会出现湿球纱布冻结、水杯结冰的情况。参照如下方法进行操作观测。

①首先,当湿球纱布冻结后,应及时从室内带一杯蒸馏水对湿球纱布进行融冰,待纱布变软后,在球下部 2～3 mm 处剪断(见图 4-2),然后把湿球温度表下的水杯从百叶箱内取走,以防水杯冻裂。

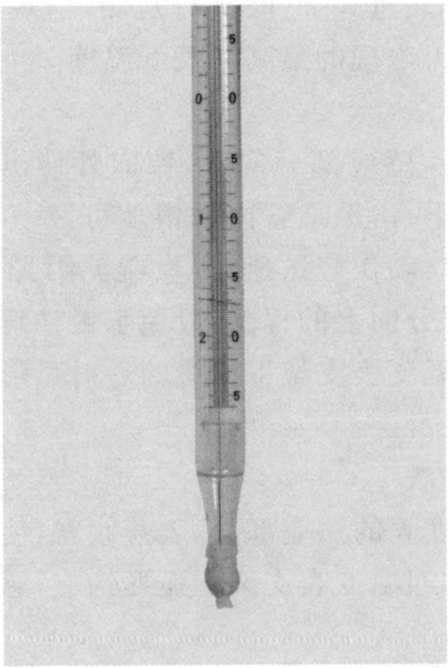

图 4-2　冻结时,湿球纱布的包扎方式

②正式观测前须用接近室内温度的水对湿球球部进行融冰。将湿球球部浸入水杯中,让纱布充分浸透,使冰层完全融化。可以从湿球温度示值的变化情况可判断冰层是否完全融化,如果示度很快上升到 0 ℃,稍停一会再向上升,就表示冰已融化。然后把水杯移开,用杯沿将聚集在纱布头的水滴除去。

融冰时间可参照当时环境风速、湿度情况,选取合适的时间,具体如下:

- 当风速、湿度中常时,在观测前 30 分钟左右进行;
- 湿度很小、风速很大时,在观测前 20 分钟以内进行;
- 湿度很大、风速很小时,在观测前 50 分钟左右进行。

在冬季，当湿度大、风速小时，由于冰面蒸发很小，融冰一次，可进行几次观测，不必一小时融冰一次，否则容易造成湿球示值不稳定。

③读湿球温度表的示值时，须先看湿球示度是否稳定，达到稳定不变时才能进行读数和记录。在记录后，用铅笔侧棱试试纱布软硬，了解湿球纱布是否冻结。如已冻结，应在湿球读数右上角记录结冰符号"B"；如未冻结则不记。若湿球示度不稳定，不论是从零下上升到零，还是从零继续下降，都说明是融冰不恰当，湿球读数记为"—"，表示缺测，只记录干球温度。

④当气温在−10.0 ℃以下时，停止观测湿球温度，改用毛发湿度表或湿度计测定湿度。

2. 最高温度表和最低温度表调整方法

最高温度表和最低温度表每天20时进行观测，当观测后，需要对表的示数进行调整，以便能正常指示下一天出现的最高和最低温度。

1)最高温度表的调整方法

①调整时用手握住表身，感应部分向下，臂向外伸出约30°，用大臂将表前后甩动，甩动方向与刻度磁板面平行，毛细管内水银就可以下落到感应部分，使示数接近于当时的干球温度。调整时，动作应迅速，尽量避免阳光照射，也不能用手接触感应部分。不要甩动到使感应部分向上的程度，以免水银柱滑上又甩下，撞坏窄道。

②调整后，把表放回到温度表支架下横梁的一对弧形钩上，感应部分向东稍向下倾斜，先放感应部分，后放表身。

2)最低温度表的调整方法

①观测后，抬高最低温度表的感应部分，表身倾斜，使游标回到酒精柱的顶端。

②把最低温度表水平放回温度表支架下弧形钩上，感应部分向东，低于最高温度表1 cm。

3. 湿球纱布的包扎方法

正常观测时，湿球温度表球部要包扎纱布，纱布的下部浸到盛有蒸馏水的水杯里，以保持湿润状态。具体包扎方法：首先把湿球温度表从百叶箱内拿出，操作人用清洁的水把手和温度表的感应部分洗干净，然后将新纱布(剪成长约10 cm)在蒸馏水中浸湿，使上端服帖无皱褶地包卷在感应部分上(包卷纱布的重叠部分不要超过球部圆周的1/4)；包好后，用纱线把高出感应部分上面的纱布扎紧，再把感应部分下面的纱布紧靠着球部扎好，但不要扎得过紧，并剪掉多余的纱线(见图4-3)。

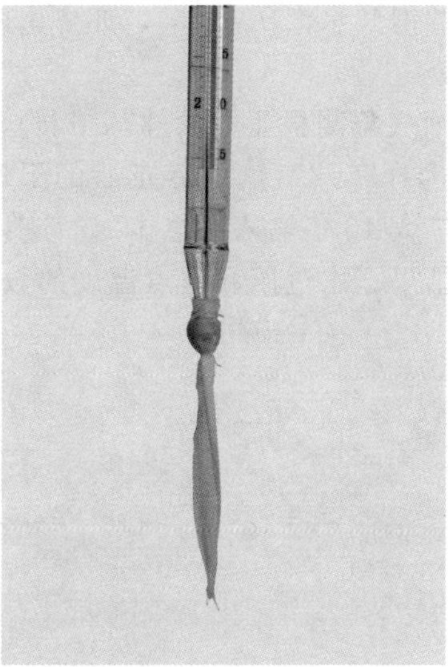

图 4-3　零摄氏度以上时，湿球纱布的包扎方式

4. 湿度的计算方法

1）水汽压的计算

$$e = E_{t_w} - AP_0(t - t_w) \tag{4.1}$$

式中，e 为水汽压（单位：hPa）；E_{t_w} 为湿球温度 t_w 所对应的纯水平液面的饱和水汽压（单位：hPa）；温度与饱和水汽压的关系查算表见附录 B；P_0 为本站气压（单位：hPa）；t 为干球温度（单位：℃）；t_w 为湿球温度（单位：℃）；A 为干湿表系数（单位：$℃^{-1}$）。此处取 $A=0.8\times10^{-3}$（$℃^{-1}$）。

2）露点温度的计算

利用马格拉斯（Magnus）公式

$$e = E_0 \times 10^{\frac{a\times t_d}{b\times t_d}} \tag{4.2}$$

变换为：

$$t_d = \frac{b \times \lg(e/E_0)}{a - \lg(e/E_0)} \tag{4.3}$$

式中，e 为实际水汽压（单位：hPa）；E_0 为 0 ℃时的饱和水汽压，取 6.1078（单位：hPa）；a 为系数，取 7.69；b 为系数，取 242.92；t_d 为露点温度（单位：℃）。

3）相对湿度的计算

$$U = (e/E_w) \times 100\% \tag{4.4}$$

式中，U 为相对湿度（单位：%）；e 为实际水汽压（单位：hPa）；E_w 为干球温度 t（订正后的值)所对应的纯水平液面的饱和水汽压(hPa)。亦可由附录B查算。

4)利用软件进行计算

打开“OSSMO 2004 地面气象测报业务软件”\工具\湿度计算菜单栏,出现如图4-4界面。人工站通风速度选择“0.8”,输入订正后的干球温度、湿球温度和本站气压的数值,注意这三个量均扩大10倍输入。点击“计算”,在该界面右侧显示水汽压、相对湿度、露点温度的计算结果。水汽压和露点温度的数值均已扩大10倍。

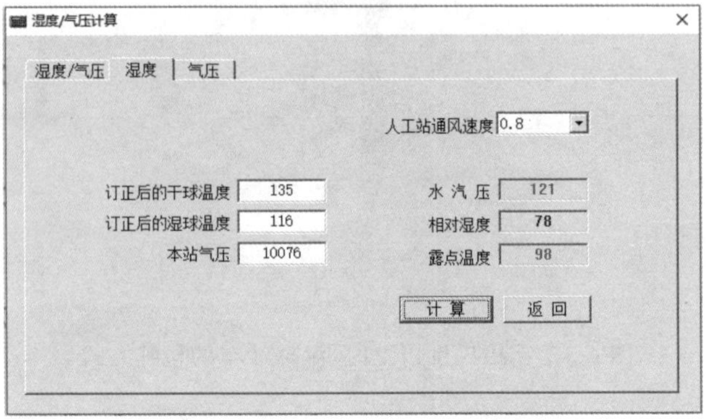

图4-4　湿度计算页面

三、实习及练习

1)根据观测要求练习干球温度表、湿球温度表、最高温度表、最低温度表、读数,并结合仪器检定证进行订正和记录。

2)练习调整最高温度表、最低温度表、更换湿球纱布。

3)某站14时观测干球温度15.0 ℃,湿球温度14.4 ℃,本站气压为1004.8 hPa,请计算该时刻的水汽压、露点温度及相对湿度。

实习五　气压的观测

一、实习目的

掌握气压观测项目，学会使用动槽式水银气压表、定槽式水银气压表和气压传感器，并会计算海平面气压、本站气压。

二、实习内容

1. 气压观测及记录

1)动槽式水银气压表观测步骤

①首先，观测动槽式水银表上的附属温度表（简称“附温表”），读数精确到 0.1 ℃。

②其次，调整气压表底部水银槽内水银面，使之与象牙针尖恰恰相接。调整时，旋动槽底正下方的调整螺旋，使槽内水银面自下而上地升高，动作要轻而慢，直到象牙针尖与水银面恰好相接（水银面上既无小涡，也无空隙）为止。如果出现了小涡，则须重新进行调整，直至达到要求为止。

③然后，调整气压表上部游尺与读数。先使游尺稍高于水银柱顶，并使视线与游尺环的前后下缘在同一水平线上，再慢慢降下游尺，直到游尺环的前后下缘与水银柱凸面顶点刚刚相切。此时，通过游尺下缘零线所对标尺的刻度即可读出气压的整数值。再从游尺刻度线上找出一根与标尺上某一刻度相吻合的刻度线，则游尺上这根刻度线的数字就是气压的小数读数。记录时以百帕(hPa)为单位，取 1 位小数。

④最后，复验读数后，降下水银面。旋转槽底的调整螺旋，使水银面离开象牙针尖约 2～3 mm，以防象牙针尖腐蚀。

2)定槽式水银气压表观测步骤

①首先观测定槽式水银气压表上的附属温度表，读取附温数据，读数精确到 0.1 ℃。

②其次,用手指轻击表身(轻击部位以刻度标尺下部和附温表上部之间为宜)。

③调整游尺与水银凸液面相切,读数并记录。记录时以百帕(hPa)为单位,取1位小数。

④最后,复验读数。

3)气压传感器读数

读取电脑界面显示的当前气压传感器气压值,该值即为本站气压值,无须订正。并取一段时间数据与人工观测数据对比。

2. 气压订正

从动槽或定槽式气压表上直接读取的数值称为气压读数,经过订正、计算之后才能得到需要的测量地点的实际气压值(即本站气压)和海平面气压值。

1)利用地面气象测报业务软件订正气压的方法

打开"OSSMO 2004 地面气象测报业务软件"\工具\气压计算菜单栏,出现如图5-1界面。

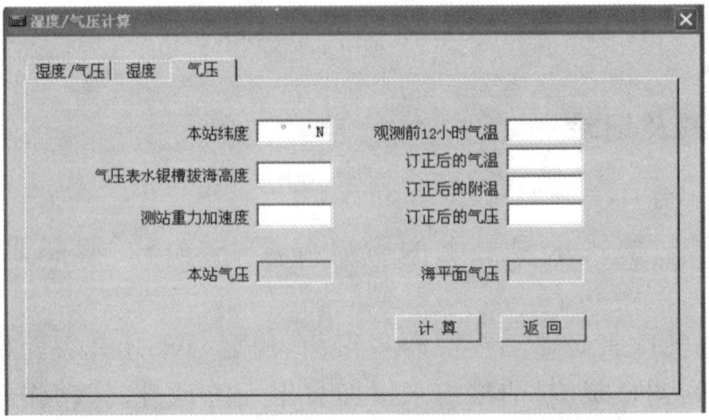

图 5-1　湿度/气压计算页面

输入:本站纬度、气压表水银槽的海拔高度、测站重力加速度、观测前12小时气温(扩大10倍输入)、订正后的气温(扩大10倍输入)、订正后的附温(扩大10倍输入)、订正后的气压(扩大10倍输入)等值,点击"计算",即可得到"本站气压"(扩大10倍显示)和"海平面气压"(扩大10倍显示)。

2)本站气压公式订正方法

水银气压表读数须顺序经过仪器差、温度差、重力差三步订正才是本站气压。

$$P_0 = (P' + C) \times \frac{g_{\varphi,z}}{g_n} \times \frac{1 + \lambda t_s}{1 + \mu t_s} \tag{5.1}$$

式中,P_0为本站气压(单位:hPa);P'为水银气压表读数(单位:hPa);C为器差订正值;$g_{\varphi,z}$为测站重力加速度(单位:m/s^2),以基地测站为例,为9.7949 m/s^2;g_n为标准状态下标准重力加速度，为 9.80665 m/s²；μ 为水银膨胀系数，为 1.818×10^{-4}/℃；λ 为铜尺膨胀系数，为 1.84×10^{-5}/℃；t_s 为经器差订正后的水银气压表附属温度表读数（单位：℃）。

3）海平面气压订正方法

①公式订正

气象台站测的气压值为本站气压，为比较各台站间的气压值，需作海平面气压订正：

海平面气压（P）＝本站气压（P_0）＋测站海拔高度的假想气柱的重量

由拉普拉斯气压公式推导得：

$$P = P_0 \times 10^{\partial} \tag{5.2}$$

式中，$\partial=\dfrac{h}{18400(1+t_m/273)}$；$t_m=\dfrac{1}{2}(t+t_{12})+\dfrac{h}{400}$；$P$ 为海平面气压（单位：hPa）；P_0 为订正后的本站气压（单位：hPa）；h 为海拔高度（单位：m）；t_m 为假想气柱的平均温度（单位：℃）；t 为观测时气温（单位：℃）；t_{12} 为观测前 12 小时气温（单位：℃）。

②查表订正

由上面公式计算出 t_m，再由 t_m 和本站气压查附录 C 即可得到海平面气压。

③地面气象测报业务软件订正

海平面的软件计算方法与本站气压的订正在同一界面，打开“OSSMO 2004 地面气象测报业务软件”\工具\气压计算菜单栏。

三、实习及练习

1）练习动槽式、定槽式水银气压表、气压传感器观测方法并记录。

2）根据动槽式或定槽式水银气压表读数，做本站气压订正，并换算成海平面气压。

3）某站（118.2°E，32.8°N）海拔高度为 30 米，该站 14 时动槽式水银气压表读数为 1016.5 hPa，附属温度为 23.6℃，气温 t 为 15.4℃，t_{12} 为 9.8℃，试求本站气压及海平面气压。

4）根据所给数据，画出本站气压日变化图，并分析、总结日变化规律。

实习六 降水的观测

一、实习目的

掌握对雨量器、翻斗式雨量传感器、称重式降水传感器的使用方法，并学会翻斗式雨量传感器、称重式降水传感器校准方法。

二、实习内容

1. 雨量的观测与记录

降水观测包括降水量和降水强度，气象站观测每分钟、时、日降水量。记录时以毫米(mm)为单位，取1位小数。

降水强度是指单位时间的降水量，通常测定5分钟、10分钟和1小时内的最大降水量。在观测时一般会通过当时雨量大小、雨声、降落地面溅落的情况，判断雨的大、中、小强度，见附录D。

2. 雨量器的使用方法和记录

1)当观测期间有降水时，对于夜间不守班的台站，每天08、14、20时分别量取前12小时、6小时、6小时降水量，并计算日总降水量。观测液体降水时，首先取下承水器，用新的储水瓶更换已盛有降水的储水瓶。将储水瓶内的水缓缓倒入量杯，避免水流到量杯外面。等储水瓶内水完全倒净，然后将量杯保持垂直，使人的视线与水面齐平，以水凹面为准，读得刻度数即为降水量，以毫米(mm)为单位，取一位小数，记入相应栏内。降水量大时，用量杯分数次量取，求和算出累加的降水量。测完降水量，将储水瓶放在外筒内的正中间位置，装回承水器，保证承水器的漏斗对准储水瓶的口。

2)冬季降雪时，要把承雨器取下，换上承雪口，取走储水瓶，直接用承雪口和外筒接收降水。观测时,用备份的外筒换下已盛有固体降水的外筒,盖上筒盖后,取回室内,等筒内固体降水融化后,用量杯量取。也可将固体降水连同外筒用专用的台秤称量,称量后应把外筒的重量(或 mm 数)扣除。

3)特殊情况处理:在炎热干燥的日子,为防止蒸发,降水停止后,要及时进行观测。在降水较大时,应视降水情况增加人工观测次数,以免降水溢出雨量筒,造成记录失真。

4)无降水时,降水量栏空白不填。不足 0.05 mm 的降水量记 0.0。纯雾、露、霜、冰针、雾凇、吹雪的量按无降水处理(吹雪量必须量取,供计算蒸发量用)。出现雪暴时,应观测其降水量。

3. 翻斗式雨量传感器的校准方法

以 SL3-1 雨量传感器为例,该传感器测量部分由上翻斗、汇集漏斗、计量翻斗、计数翻斗、容量调节螺钉等构成(图 6-1)。在测量过程中,随着计数翻斗间歇翻倒动作,带动开关,发出一个个脉冲信号,将非电量转换成电量输出。

检查和排查方法:

当雨量偏小时,检查承水口、内部漏斗及各个翻斗是否有异物堆积或堵塞,或翻斗部位是否有蜘蛛网等缠住影响翻动,对相关部位进行清理。

当雨量通道无堵塞、翻斗翻动正常,但发现测量误差超过最大误差要求时,需要进行对仪器进行检查和调试,具体步骤如下:

1)取下雨量筒金属外壳;

2)用螺丝刀或其他工具翻动计数翻斗(严禁直接用手翻动),将万用表调到"蜂鸣挡",测量线接在红、黑接线柱上,直接量取输出信号,查看导通次数与翻动次数是否一致,否则更换干簧管;

3)用雨量杯量取 10 mm 水,按 4 分钟流完的速度,缓慢而匀速地注入雨量筒承水口,察看显示降雨量;

4)若雨量示值偏大,则将两只容量调整螺钉(图 6-1)沿轴线向外旋转,旋转一只容量调整螺钉一周,可使示值减少 0.3 mm,同时旋转两只调整螺钉一周,可使示值减少 0.6 mm;

5)调整后倒水进行试验,反复多次,直到测量误差在要求的最大误差范围内;

误差=(倒入的总水量－传感器测得的降水量)/倒入的总水量

最大误差:±0.4 mm(降水量≤10 mm);

±4%(降水量≥10 mm)。

测量降水强度:≤4 mm/min。

测量分辨率:0.1 mm。

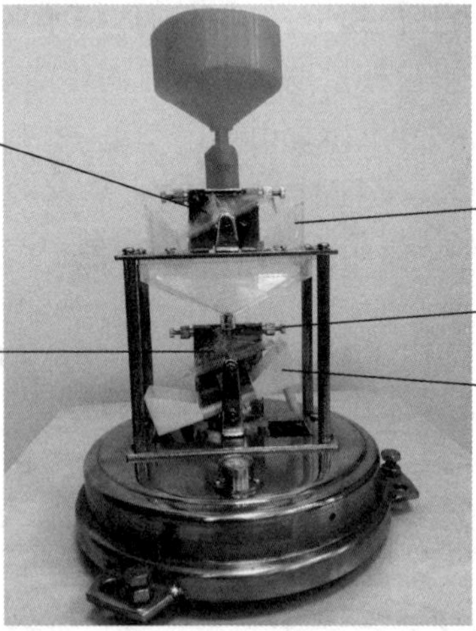

图 6-1 翻斗式雨量传感器内部结构

6)固定调整螺钉,装回金属外筒,调整即告结束。

如果是新型自动站,为不影响自动站数据的正常记录,做以上操作前需要在ISOS软件中,将翻斗式雨量传感器的状态设为维护或者标定。将设备管理的各种信息记录到质控文件中,为业务软件的后期处理提供依据。如果是CAWS600自动站,无需对调整时段的虚假降水量数据(如降水分钟数据文件RIIiiiMM. YYY和正点地面气象要素数据文件ZIIiiiMM. YYY)进行处理,更改报文相应数据即可。

4. 称重式降水传感器

称重式降水传感器可以用来测液态和固态降水的设备,通过称重单元,快速响应集水桶重量的变化计算降水量。

以DSC2称重式降水传感器为例,该仪器设备参数见表6-1。

表 6-1 DSC2 称重式降水传感器技术参数

性能	技术指标
盛水口直径	$\phi\ 200_{0}^{+0.6}$ mm
容量	0～400 mm 降水量(包括防冻液、防蒸发液)
雨/雪采集面积	314 cm^2
分辨率	0.1 mm
准确度	±0.4 mm(降水量≤10 mm)/±4%(降水量>10 mm)
数据输出	脉冲(通断信号);RS232(115200,N,8,1)
电压	9～15 V

称重式降水传感器作为翻斗式雨量传感器的备份，当翻斗式雨量传感器故障时，可用称重式降水传感器降水量数据进行替代。

1）称重式降水传感器测量精度测试方法

缓缓向盛水桶中加入 10 mm 水，模拟雨强为 2～4 mm/min。过几分钟后查看降水数据（一般是在 10 mm 水倒完 5 min 左右读取数据。）重复测试 3 次，并分别进行误差计算和校正。

2）工作状态检查

通常不需要检查传感器的工作状态，当发现数据缺失或异常时，才需进行工作状态检查。打开盛水桶外壳。首先观察传感器的信号处理单元上的运行指示灯状态，在正常工作时，应当为 1 秒亮，1 秒暗。如果运行指示灯不正常，应检查信号处理单元上的电源电压，应当为 DC12 V±20％。

如果是新型自动站，为不影响自动站数据的正常记录，做以上操作前需要在 ISOS 软件中，将称重式降水传感器的状态设为维护或者标定。

三、实习及练习

1）使用雨量器练习降水的人工测量方法和记录。

2）翻斗式雨量传感器故障排查和校准。

3）称重式降水传感器工作状态检查和校准。

实习七　蒸发的观测

一、实习目的

掌握小型蒸发器、超声蒸发传感器仪器使用和数据记录方法。

二、实习内容

1. 小型蒸发器观测与记录

1)观测前一日 20 时用蒸发器旁的量筒(同雨量器量筒)量取 20 mm 清水作为今日原量,当气温升高,注意观察蒸发水量变化,注意调整原量。一般,夏季或干燥地区和干燥季节须量取 30 mm,冬季取 10 mm,各地根据实际情况有所不同。

2)该日 20 时用量杯测量蒸发器内水量,该量即为经 24 小时蒸发后的余量,记在观测簿余量栏。然后倒掉余量,重新量取 20 mm 清水注入蒸发器内,并记入次日原量栏。如 24 小时内有降水,要把 24 小时总降水量记在降水量栏,保留到小数点后一位。记录如表 7-1。

表 7-1　蒸发记录表

蒸发	原量	降水量	余量	蒸发量
小型				
E-601				

蒸发量由以下公式算的:

$$蒸发量 = 原量 - 余量 \qquad (无降水情况) \tag{7.1}$$

$$蒸发量 = 原量 + 降水量 - 余量 \qquad (有降水情况) \tag{7.2}$$

3)量杯读数时,将量杯保持垂直,使人的视线与水面齐平,以水凹面为准。

4)观测后将蒸发器放回原架子上,并坚持是否水平。

5)特殊情况处理：

①有降水时，应取下金属丝网圈；有强降水时，应注意从器内取出一定的水量，以防水溢出。取出的水量及时记入观测簿备注栏，并加在该日的“余量”中。

②因降水或其他原因，致使蒸发量为负值时，记 0.0。蒸发器中的水量全部蒸发完时，按加入的原量值记录，并加“>”，如>20.0。

③冬季结冰期较长的气象站，用小型蒸发器进行冰面蒸发量观测，用蒸发台秤进行测量(图 7-1)。蒸发台秤计量杠杆上标有 mm(毫米)和 g(克)两种刻度，砝码也配了两套，一套为刻度为雨量观测、蒸发观测用的 mm，一套为刻度是克的普通砝码。测量小型蒸发器时注意使用标有 mm 的砝码，并结合杠杆上的 mm 刻度读数，最终获得以 mm 为单位的数值，保留小数点后一位。计算公式如下：

$$蒸发量 = 原量读数 - 余量读数 \tag{7.3}$$

式中，原量为小型蒸发皿和 20 mm 水的称重数值(单位：mm)，余量为经过 24 小时后小型蒸发皿和剩余水(冰)的称重数值(单位：mm)。

图 7-1　蒸发台秤测量蒸发

2. E-601B 观测与记录

1)每日 20 时进行观测。观测时先调整测针针尖与水面恰好相接，然后从游标尺上读出水面高度。读数方法：通过游尺零线所对标尺的刻度，即可读出整数；再从游尺刻度线上找出一根与标尺上某一刻度线相吻合的刻度线，游尺上这根刻度线的数字，就是小数读数。观测数据记入观测簿 E-601B 记录处(表 7-1)。

$$蒸发量 = 前一日水面高度 + 降水量(以雨量器观测值为准) - 测量时水面高度 \tag{7.4}$$

2)有强降水时，通常采取如下措施对 E-601B 型蒸发器进行观测。

①降大到暴雨前，先从蒸发器中取出一定水量，以免降水时溢流桶溢出，计算日

蒸发量时将这部分水量扣除掉。

②预计可能降大到暴雨时，将蒸发桶和专用雨量筒同时盖住（这时蒸发量按“0.0”计算），待雨停或转小后，把蒸发桶和专用雨量筒盖同时打开，继续进行观测。

③冬季结冰期很短或偶尔结冰的地区，结冰时可停止观测，各该日蒸发量栏记“B”；待某日结冰融化后，测出停测以来的蒸发总量，记在该日蒸发量栏内。但不得跨月、跨年。当月末或年末蒸发器内结有冰盖时，应沿着器壁将冰盖敲离，使之呈自由漂浮状后，仍按非结冰期的要求，测定自由水面高度。冬季结冰期较长的地区停止观测，整个结冰期改用小型蒸发器观测冰面蒸发，但应将 E-601B 型蒸发器内的水汲净，以免冻坏。

3. 超声蒸发传感器的水位校准

超声蒸发传感器采用超声测量距离的原理，通过测量水面高度的变化计算得到单位时间内的蒸发量。正常观测时，要求水面保持在高低两个水位线之间(图 7-2)。

图 7-2 超声蒸发传感器

蒸发传感器在初次使用、重新启用或每三个月应校准蒸发溢流水位。方法如下。

1)在 ISOS 软件中，设置蒸发传感器状态为标定状态。

2)调溢流孔水位:向蒸发桶加水,水面缓慢上升,当水位达到溢流孔高度开始出现溢流时,停止加水,等待水面平稳,一直到没有水从溢流孔流出。

3)取溢流水位:在蒸发器水面稳定后 5 min 左右可以在 ISOS 软件中查询当前分钟的蒸发水位,减去 1.0 mm 即为蒸发溢流水位,即完成蒸发溢流水位校准。可根据新校准的蒸发溢流水位设置报警水位,例如查询到的当时水位为 96.9 mm,则蒸发溢流水位为 95.9 mm,可在报警设置中设置当水位达到 95.9 mm 时开始报警。

4)恢复正常水位:再将水位降低到正常观测高度,在 ISOS 界面中结束蒸发传感器标定,开始正常观测。

三、实习及练习

1)练习用小型蒸发器测量蒸发量并记录。

2)练习用 E-601B 型蒸发器测量蒸发量并记录。

3)进行校准蒸发溢流水位的操作。

4)根据所给数据,对不同仪器蒸发数据进行处理和分析。

实习八　风速的观测

一、实习目的

掌握风向、风速的观测及记录方法，学会处理风向、风速数据。

二、实习内容

1. 风的人工观测

当没有测定风向风速的仪器，或虽有仪器但因故障而不能使用时，可根据目测观测风向和风力。

1）目测风向

根据炊烟、旌旗、布条展开的方向及人的感觉，按八个方位估计（图 8-1）。目测风向风力时，观测者应站在空旷处，多选几个物体，认真地观测，以尽量减少估计误差。

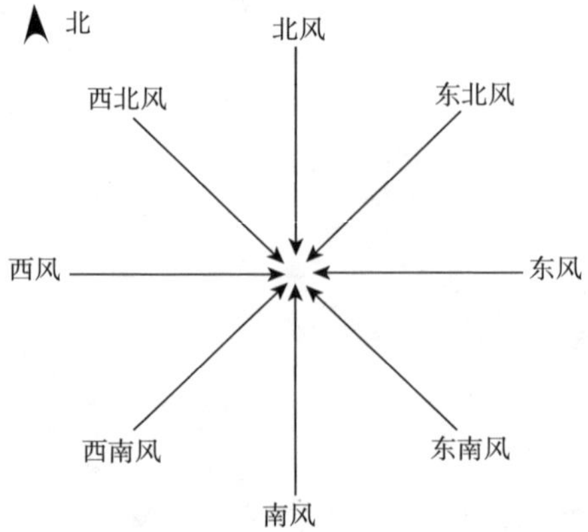

图 8-1　八方位风向图

2)估计风力

表 8-1 根据风对地面或海面物体的影响而引起的各种现象,按风力等级表估计风力共分 18 级,并给出风级对应风速(m/s 为单位)的数值。

表 8-1　风力等级特征及换算表(GB/T 28591—2012)

风力等级	海面状况 海浪高/m		海岸船只征象	陆地地面物征象	相当于空旷平地上标准高度 10 m 处的风速		
	一般	最高			m/s	km/h	kn
0	—	—	静	静,烟直上	0.0～0.2	小于 1	小于 1
1	0.1	0.1	平常渔船略觉摇动	烟能表示风向,但风向标不能动	0.3～1.5	1～5	1～3
2	0.2	0.3	渔船张帆时,每小时可随风移动 2 km～3 km	人面感觉有风,树叶微响,风向标能转动	1.6～3.3	6～11	4～6
3	0.6	1.0	渔船渐觉颠簸,每小时可随风移行 5 km～6 km	树叶及微枝摇动不息,旌旗展开	3.4～5.4	12～19	7～10
4	1.0	1.5	渔船满帆时,可使船身倾向一侧	能吹起地面灰尘和纸张,树枝摇动	5.5～7.9	20～28	11～16
5	2.0	2.5	渔船缩帆(即收去帆之一部分)	有叶的小树摇摆,内陆的水面有小波	8.0～10.7	29～38	17～21
6	3.0	4.0	渔船加倍缩帆,捕鱼须注意风险	大树枝摇动,电线呼呼有声,举伞困难	10.8～13.8	39～49	22～27
7	4.0	5.5	渔船停泊港中,在海者下锚	全树摇动,迎风步行感觉不便	13.9～17.1	50～61	28～33
8	5.5	7.5	进港的渔船皆停留不出	微枝折毁,人行向前,感觉阻力甚大	17.2～20.7	62～74	34～40
9	7.0	10.0	汽船航行困难	建筑物有小损(烟囱顶部及平屋摇动)	20.8～24.4	75～88	41～47
10	9.0	12.5	汽船航行颇危险	陆上少见,见时可使树木拔起或使建筑物损坏严重	24.5～28.4	89～102	48～55
11	11.5	16.0	汽船遇之极危险	陆上很少见,有则必有广泛损坏	28.5～32.6	103～117	56～63
12	14.0	—	海浪滔天	陆上绝少见,摧毁力极大	32.7～36.9	118～133	64～71
13	—	—	—	—	37.0～41.4	134～149	72～80
14	—	—	—	—	41.5～46.1	150～166	81～89

续表

风力等级	海面状况		海岸船只征象	陆地地面物征象	相当于空旷平地上标准高度 10 m 处的风速		
	海浪高/m						
	一般	最高			m/s	km/h	kn
15	—	—	—	—	46.2～50.9	167～183	90～99
16	—	—	—	—	51.0～56.0	184～201	100～108
17	—	—	—	—	56.1～61.2	202～220	109～118

2. 轻便风向风速表的观测与记录

轻便风向风速表(图 8-2)用于测量风向和一分钟时间内平均风速，体积小，便于携带，可用于外场、机动观测。

图 8-2　轻便风向风速表

观测时将仪器装好安置在四周开阔无高大障碍物的地方。安装高度以便于观测为限，并且要保持仪器垂直，机壳侧面向风(手持使用也相同)。

将小套管拉力再向右转一方向，此时方向盘就可按地磁子午线的方向稳定下来。风向指针与方向盘所对的读数就是方向，当前指示为瞬时值。注视风向标约两分钟，记录其摆动范围的中间位置，即可得到二分钟的平均风向值。

用手指压下启动杆，风速指针就回到零位。放开启动杆后，红色时间小指针就开始走动。这说明内部机构已经开始工作。随后风速指针也开始走动，经一分钟后风速指针停止转动。接着时间指针转到最初位置也停止下来，结束了风速的测量。风速指针所示数称为指示风速(m/s)。以这个数值从风速检定曲线图中查出实际风速值即为所测的平均风速。

当观测结束后,将小套管向左转一角度,使其恢复原来位置,这时方向盘可以固定不动。并将风向仪和手柄拧开,装回仪器盒内。

3. 风向风速传感器的观测与记录

风向风速采集频率为 1 s 采集一次数据(有的风速仪器 1 s 采集 4 次数据),通过计算得到瞬时值(3 s 平均)、1 min、2 min 和 10 min 平均风向风速值。极大风速是 3 s平均风的极值,最大风是十分钟平均风中挑出来的最大值。气簿-1 上记录的是定时 2 min 的平均风向和风速值。风向记录角度或方位均可,风速以 m/s 为单位,保留一位小数。当静风时,风速记为 0.0,风向记为 C。

除静风外,当风向或风速长时间不变时,注意检查仪器是否正常。

三、实习及练习

1)练习各种测风仪器的使用和记录。

2)根据给定数据,统计当地每月、各季节、每年各个风向出现频率及对应的平均风速。

实习九　日照与辐射的观测

一、实习目的

掌握对日照计、直接辐射表、总辐射表、散射辐射表、反射辐射表、净辐射表等仪器维护和数据处理方法。学会日照的观测和数据整理。

二、实习内容

1. 日照的观测

1)暗筒式日照计

日照纸的涂药质量,直接关系到日照记录的准确性。因此,对药剂的存放、配制,日照纸的涂刷等都应特别留心。

①药液配制方法

用两个容器分别装上赤血盐和枸橼酸铁铵,将两个药品与水分别按照 1∶10 和 3∶10 的比例进行配制。将已配制好的两种药液,混在一起,搅匀,直到颗粒状的药品完全溶化。实际操作时应根据药的质量与气象站实际经验灵活掌握配制,调配的颜色以草绿色为佳。

②涂药的方法和要求

涂刷日照纸应在暗处或夜间弱灯光(最好是红灯光)下进行。涂药前,必须先用脱脂棉把需涂药的日照纸表面逐张擦净(去掉表面油脂,使纸吸药均匀)。另取新的脱脂棉蘸适量药液涂在日照纸上,涂药应薄而均匀。从纸张的上部依次往下涂刷。涂好药的日照纸应在暗处阴干后暗藏备用,严防感光。涂药后,用具应洗净,用过的脱脂棉也不能再使用。

③换纸与记录整理

每日在日落后换纸,即使是全日阴雨,无日照记录,也应照常换纸,以备日后查考。上纸前，填好台站信息和日照记录日期(注：该日期为下一天)。上纸时，把日照纸卷成圆筒状，有字面朝内，放入日照计筒里，注意使纸上 10 时线对准筒口的白线，14 时线对准筒底的白线；纸上两个圆孔对准两个进光孔，压纸夹交叉处向上，将纸压紧，盖好筒盖。

换下的日照纸，应依照感光迹线的长短，当班人员用铅笔在迹线下描直线。然后，将日照纸放入足量的清水中浸漂 3～5 分钟拿出(全天无日照的纸，也应浸漂)；待阴干后，再复验感光迹线与铅笔线是否一致。如感光迹线比铅笔线长则应补上这一段铅笔线，然后按铅笔线计算各个时次日照时数以及计算全天的日照时数(图 9-1)。如果全天无日照，日照时数记：0.0。计算完日照时数，在纸上空白处，写上该日合计的日照时数。计算后的日照纸，应由次日白天值班员进行复验，以弥补夜间对迹线辨别不清的缺陷，并在复算人处签字确认。

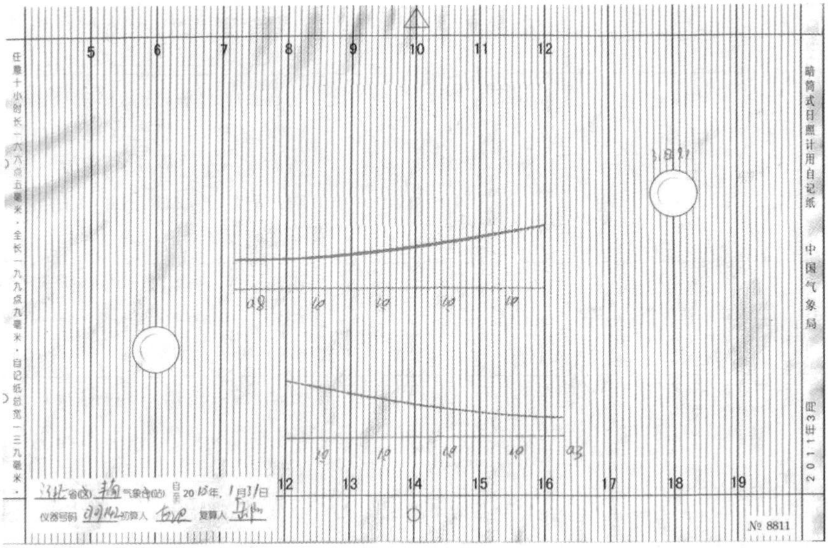

图 9-1　日照纸迹线及日照时数整理(为清楚起见，该迹线颜色经过处理)

2)用直接辐射表计算日照的方法

世界气象组织规定日照时数为在一给定时段内直接太阳辐照度超过 120 W/m^2 的各分段时间的总和，计算出每小时的日照时数和每日日照时数。

3)用总辐射表计算日照的方法

根据太阳总辐射 E_g、散射太阳辐射 E_r、太阳高度角 H_A 之间的基本关系式，水平面直接太阳辐射 S_L、垂直于太阳入射光的直接辐射 S：

$$S_L = E_g - E_r \tag{9.1}$$

$$S = S_L / \sin H_A \tag{9.2}$$

再根据 $S \geqslant 120\ W/m^2$ 的数值出现的时段，累加得到日照时数。

2. 辐射的观测

辐射观测仪器均是自动观测传感器，一级辐射站包括：总辐射表、直接辐射表、净全辐射表、反射辐射表、散射辐射表，辐射表一般安装在观测场最南部，1.5 m 高架子上，各辐射传感器信号由辐射分采集器传输到主采集器。日常观测时，注意检查仪器的工作状态和判断测量值是否异常（如表 9-1）。

表 9-1 各辐射测量值判断标准

辐射传感器	测量值下限（W/m^2）	测量值上限（W/m^2）	存疑的变化速率（W/m^2）	错误的变化速率（W/m^2）	正常工作状态
总辐射表	0	2000	800	1000	仪器水平；玻璃罩内外洁净，无脏物、水珠，表面无划痕；感应面无破损；干燥剂有效
直接辐射表	0	1400	800	1000	仪器底座水平；进光筒玻璃内外洁净，无脏物、水珠，表面无划痕；感应面无破损；进光筒对准太阳位置：光点与进光筒下部圆环上的记号重合；干燥剂有效；刻度盘对准当地纬度
净全辐射表					仪器水平；薄膜罩内外洁净，无脏物、水珠，表面无划痕，呈半球状凸起；感应面无破损；干燥剂有效
反射辐射表	0	1200	800	1000	仪器水平；玻璃罩内外洁净，无脏物、水珠，表面无划痕；感应面无破损；干燥剂有效
散射辐射表	0	1200	800	1000	仪器水平；玻璃罩内外洁净，无脏物、水珠，表面无划痕；感应面无破损；遮光环颜色为外白内黑，无褪色或脱落。遮光环的影子完全遮住仪器的感应面和玻璃罩；干燥剂有效

3. 辐射作用层状态的观测

有净辐射或反射辐射观测项目的气象站，应观测作用层状态。作用层状态的观测地点为净全辐射表支架下的观测场地面。每天地平时 09 时点左右观测辐射作用层状态。

作用层状态由代表作用层情况的十位数码和作用层状况的个位数码组成的两位

编码表示(见表 9-2),记录在备注栏靠日期一边栏内。例如:青草上有积水记“02”。

表 9-2　作用层状态编码表

十位数码	作用层情况	个位数码	作用层状况
0	青草	0	干燥
1	枯(黄)草	1	潮湿
2	裸露黏土	2	积水
3	裸露沙土	3	泛碱(盐碱)
4	裸露硬(石子)土	4	新雪
5	裸露黄(红)土	5	陈雪
		6	溶化雪
		7	结冰

4. 大气浑浊度指标 T_G 观测与计算

进行太阳直接辐射观测的气象站(一级辐射站),在每日地平时 09、12、15 时(±30分钟内),若太阳面无云时,要进行太阳直接辐射的观测并计算大气浑浊度 T_G。

全波段浑浊度指标 T_G 是指总的浑浊度系数(总的光学厚度)δ 与理想浑浊度系数(干净大气光学厚度)δ_{mol} 之比。

$$T_G = \frac{\delta}{\delta_{mol}} \tag{9.3}$$

根据全波段太阳辐射在大气中的衰减定律:

$$S = S_0 \, e^{-\delta m (P_h/P_s)} \tag{9.4}$$

式中,S 为地面上观测到垂直于太阳的直接辐射;$S_0 = 1367\ W \cdot m^{-2}$,太阳常数;$P_h$ 为本站气压;P_s 为标准气压,1013 hPa;m 为相对大气质量(考虑地球形状与折射情况)

$$m = \frac{1}{\sin H_A + 0.15\,(H_A + 3.3885)^{1.253}} \tag{9.5}$$

式中,H_A 为太阳高度角。因此:

$$T_G = \frac{1}{-(P_h/P_s) m \delta_{mol} \lg e} \lg \frac{S}{S_0} \tag{9.6}$$

式中,δ_{mol} 为本站气压 P_h 与相对大气质量 m 的函数。

当 $m(P_h/P_s) \leqslant 3.3$ 时,

$$\delta_{mol} = 0.1005 - \left(\frac{m P_h}{P_s} - 0.5\right) \times 0.0074 \tag{9.7}$$

当 $m(P_h/P_s) > 3.3$ 时,

$$\delta_{mol} = 0.0789 - \left(\frac{m P_h}{P_s} - 3.3\right) \times 0.0047 \tag{9.8}$$

浑浊度指标 T_G 的大小，取决于地面上观测到的太阳直射辐射 S，本站气压 P_h 与太阳高度角 H_A。其中 S 是最主要的。因此观测到无云时的太阳直接辐射愈大，则 T_G 愈小，表示大气越透明；反之，观测到 S 愈小，T_G 则愈大，表示大气愈浑浊。

OSSMO 2004 软件提供了大气浑浊度的计算，见附录 G。

三、实习及练习

1）练习日照纸的涂刷。

2）利用三种方法进行日照时数的处理和计算。

3）完成辐射各种辐射量、大气浑浊度及作用层状态的观测和记录。

实习十　降雪的观测

一、实习目的

通过本实习，了解量雪尺、体积量雪器、称雪器的使用方法，掌握雪深、雪压的观测方法和记录要求。

二、实习内容

1. 雪深的测量

入冬前或下雪前，在观测场地选取平坦、开阔的地点作为雪深、雪压的观测地段，清除杂草并做好标志，为测量做好准备。当气象站四周视野地面被雪(包括米雪、霰、冰粒)覆盖超过一半时要进行雪深的观测。

在降雪满足上述要求时，每天08时在观测地点将量雪尺垂直地插入雪中到地表为止(注意勿插入土中)，依据雪面所遮掩尺上的刻度线，读取雪深的厘米整数，小数四舍五入。使用普通米尺时，若尺的零线不在尺端，雪深值应注意加上零线至尺端距离的相当厘米数值。每次观测须作三次测量，记入观测簿相应栏中，并求其平均值。三次测量的地点，要求彼此相距应在10 m以上，并作标记，以免下次在原地重复测量。当平均雪深不足0.5 cm时记录为0。

注意事项：

1)若08时未达到测定雪深的标准，之后因降雪而达到测定标准时，则应在14时或20时补测一次；记录记在当日雪深栏，并在观测簿备注栏注明。

2)降雪持续时，第二次测量时，测量的深度仍是从表面到地表的深度，而不是新雪的深度。

3)若气象站四周积雪面积过半，但观测地段因某种原因而无积雪，则应在就近有积雪的地方、选择较有代表性的地点测量雪深(雪压同)。如因吹雪或其他原因使观测地段的积雪高低不平时，应尽量选择比较平坦的雪面来测定。丘陵、山地的气象站四周积雪达到记录积雪标准，但由于地形影响，测站附近已无积雪存在时，雪深不测量（雪压同），但应在观测簿备注栏注明。

2. 雪压的测量

雪压的测量要求在规定的日子（每月的5、10、15、20、25日和月末最后一天），当雪深达到或超过5 cm时要进行雪压的观测。测量的地点要求同雪深的观测，应在观测雪深的地点附近进行雪压的观测。目前，多用称雪器或体积量雪器进行雪压的人工测量。

1）体积量雪器的测量方法

观测前半小时，把量雪器拿到室外。取样前，应把量雪器清理干净。取样时，拿住把手，将量雪器垂直插入雪中，直到地面。然后用铲子拨开量雪器外围的雪，把小铲沿量雪器口插入，连同量雪器一起拿到容器上，再抽出小铲，使雪样落入容器内，加盖拿回室内。等雪融化后，用测量体积的量杯测定其容量，然后换算成质量。

取样时，要注意清除样本中夹入的泥土、杂草。所取样本不应包括雪下地面上的水层和冰层，但应包括积雪上或积雪层中的冰层，此情况时应在观测簿备注栏中注明。

当雪深超过取样的量雪器金属筒高度时，应分几次取样。在取上层雪样时，注意不要破坏下层雪样。

雪压计算公式为：

$$P = \frac{M}{100} \tag{10.1}$$

式中，P 为雪压（g/cm^2）；M 为样本重量（g），分母100为量雪器内截面积（cm^2）。

2）称雪器的测量方法

该称雪器是由带盖的圆筒、秤和小铲等组成的一种测量雪压的仪器。测前半小时，把称雪器拿到室外。每次取样前应先清洁称雪器，检查秤的零点，把带盖的空圆筒挂在秤钩上，使秤锤上的刻线与秤杆上的零线吻合。这时的秤杆应当水平，平衡标志是秤杆上的指针，应与提手正中缺口相合。如果秤的零点不准时，须移动秤锤位置，使它平衡，并把秤锤的新位置作为零点。

取样时，将圆筒（锯齿形的一端）向下垂直插入雪中，直到地面。然后拨开圆筒一边的雪，把小铲插到圆筒底沿下面，连同圆筒一起拿起，再将筒翻转，擦净粘在筒外的雪，把筒挂在秤钩上，移动秤锤，直到秤杆水平为止，读出秤锤准线对应于秤杆上的刻度数，取一位小数。

取样操作过程中的注意事项与体积量雪器同。

雪压计算公式：

$$P = \frac{M}{S} = \frac{50m}{50} = m \tag{10.2}$$

式中，P 为雪压（g/cm^2）；S 为称雪器圆筒内截面积（50 cm^2）；m 为秤杆刻度数；M 为样本重量（g）。因秤杆上每一刻度单位（即十个小格）等于 50 g，故 M 值用秤杆刻度度数 m 乘 50 而得。记录时，可将 m 值（秤杆刻度数）直接填入观测簿雪压栏，并求其三次平均值填入平均栏，样本重量栏空白不填。

三、实习及练习

1）练习雪深的观测和记录。

2）练习雪压的观测和记录。

实习十一 观测仪器的维护

一、实习目的

掌握人工、自动观测系统等仪器设备常规维护方法，做好日常巡视和检查工作，及时发现问题，保证测量仪器处于正常工作状态。

二、实习内容

1. 百叶箱的维护

百叶箱要保持洁白，木质百叶箱视具体情况每一至三年重新油漆一次；内外箱壁每月至少定期擦洗一次。寒冷季节可用干毛刷刷拭干净。百叶箱板“∧”处不易接触到的地方，可将薄的湿布从箱内穿到外面，内外两人同时平移抹布进行擦拭。清洗百叶箱的时间以晴天上午为宜。在进行箱内清洗之前，应将仪器全部放入备份百叶箱内；清洗完毕，待百叶箱干燥之后，再将仪器放回。清洗百叶箱不能影响观测和记录。

安装自动站传感器的百叶箱不能用水洗，只能用湿布擦拭或毛刷刷拭。百叶箱内的温、湿传感器也不得移出箱外。冬季在巡视观测场时，要小心用毛刷把百叶箱顶、箱内和壁缝中的雪和雾凇扫除干净。百叶箱内不得存放多余的物品。

2. 温度表的维护

1)必须注意保持干、湿球温度表的正常状态。如果温度表出现内刻度磁板破损，毛细管内有水银滴、黑色沉淀的氧化物或水根柱中断等情况，应同时更换、报废，并做好检定证数据的更新。

2)干球温度表应经常保持清洁、干燥。观测前巡视设备和仪器时，如发现干球上有灰尘或水，须立即用干净的软布轻轻拭去。

3)湿球纱布必须经常保持清洁、柔软和湿润，一般应每周换一次。遇有沙尘等天气,湿球纱布上明显沾有灰尘时,应立即更换。在海岛、矿区或烟尘多的地方,湿球纱布容易被盐、油、烟尘等污染,应缩短更换纱布的期限。

4)水杯中的蒸馏水要时常添满并保持洁净,一般每周更换一次。

5)检查各个温度表的状态及高度:干球在东,湿球在西,球部中心距地面 1.5 m 高。最高温度表感应部分向东稍向下倾斜,球部高出干湿球温度表球部 3 cm。最低温度表水平地安装在温度表支架下横梁下面一对弧形钩上,感应部分向东,低于最高温度表 1 cm。

3. 温湿度传感器的维护

温湿度传感器中心点离地面 1.50 m。每月应拆开传感器头部过滤网,用干净的小毛刷刷去白色过滤纸上的灰尘,如必要可用蒸馏水清洗滤纸和过滤网,待风干后再安装回采集器上。及时更换污染严重的滤纸。禁止手触摸湿敏电容,以免影响正常感应或破坏电路。

4. 能见度仪的维护

散射式能见度仪的发射器和接收器都不能朝着强光源(如太阳光)或强的反射面(如积雪)等,但也可采取屏蔽或挡板达到这种要求。每日日出后和日落前巡视能见度仪(尤其是采样区),注意维护发射器和接收器镜面清洁,如有降水、凝结物、蜘蛛网、灰尘等应及时清除。定期清洁传感器透镜,清洁时使用质地柔软的布和酒精。定期检查和维修情况记入值班日记中。该仪器应定期校准,才能保证测量气象光学视程的准确度。

5. 气压表的维护

1)应经常保持气压表的清洁。

2)动槽式水银气压表槽内水银面产生氧化物时,应及时清除。对有过滤板装置的气压表,可以慢慢旋松槽底调整螺旋,使水银面缓缓下降到“过滤板”之下(动作要轻缓,使水银面刚好流入板下为止,切忌再向下降,以免内管逸入空气),然后再逐渐旋紧槽底调整螺旋,使水银面升高至象牙针附近。用此方法重复几次,直到水银面洁净为止。无“过滤板”装置的气压表,若水银面严重氧化时,应报请上级业务主管部门处理。

3)气压表必须垂直悬挂,应定期用铅垂线在相互成直角的两个位置上检查校正。

4)气压表水银柱凸面突然变平并不再恢复,或其示值显著不正常时,应报请上级业务主管部门处理。

6. 风向风速传感器的维护

经常观察风杯和风向标转动是否灵活、平稳。发现异常时，换用备份传感器。每年定期维护一次风传感器，清洗风传感器轴承；检查、校准风向标指北方位。

7. 雨量器的维护

1)经常保持雨量器清洁，每次巡视仪器时，注意清除承水器、储水瓶内的昆虫、尘土、树叶等杂物。

2)定期检查雨量器的高度、水平，发现不符合要求时应及时纠正；如外筒有漏水现象，应及时修理或撤换。

3)承水器的刀刃口要保持正圆形，避免碰撞变形。

8. 翻斗式雨量传感器的维护

1)仪器每月至少定期检查一次，清除过滤网上的尘沙、小虫等以免堵塞承水口漏斗。夏季雨量筒内部可能结有蜘蛛网，影响翻斗翻转。

2)定期检查雨量传感器的器身是否稳定、器口是否水平，发现不符合规范要求时应及时纠正。避免碰撞承水器，严防器口产生变形。

3)翻斗内壁禁止用手或其他物体擦拭，以免沾上油污。

4)结冰期长的地区，在初冰前将传感器的承水器口加盖，不必收回室内；无雨或少雨的季节，可将承水器口加盖，但注意在降水前及时打开。

5)风沙较大的地区，雨量传感器使用一段时间后，翻斗内可能会沉积泥沙，应定期清淤；可用干净的脱脂毛笔刷洗，必要时可加入适量的洗涤剂，然后用清水冲洗干净。

6)定期检查翻斗翻转的灵活性。发现有阻滞感，应检查翻斗轴向工作游隙是否正常、轴承处是否有微小的尘沙、翻斗轴是否变形或磨损，并及时采取有效的措施。

7)严禁往轴承孔内注油、脂或其他所谓润滑材料。

8)严禁随意调整翻斗下方的调斗螺钉。该项调整直接影响计量精度，它要求调教人员有较高的技能水平、熟练程度，还需具备相应的检测手段。

9. 称重式降水传感器的维护

1)检查传感器工作状态

通常不需要检查传感器的工作状态，当发现数据缺失或异常时，才需进行工作状态检查。检查工作状态需打开外壳。首先观察传感器的信号处理单元上的运行指示灯状态，在正常工作时，应当为 1 秒亮，1 秒暗。如果运行指示灯不正常，应检查信号处理单元上的电源电压，应当为 DC12 V±20%。

2）检查承水口

每个月应检查承水口是否有蛛网及其他堵塞异物。在多雪的季节，应经常检查承水口是否有雪堆积。

3）维护盛水桶

盛水桶每年至少进行 2 次维护，一次是在入夏之前，一次是在入冬之前。在降水量多的地区、沙尘严重的地区，维护次数应适当增加。盛水桶的维护包括清空和清洗、添加防蒸发油、添加防冻液（在有冰冻的地区，入冬之前应添加）。

10. 小型蒸发皿的维护

每天观测后均应清洗蒸发器，并换用干净水。冬季结冰期间，可十天换一次水。应定期检查蒸发器是否水平，有无漏水现象，并及时纠正。

11. 蒸发传感器的维护

1）蒸发器用水的要求：应尽可能用代表当地自然水体（江、河、湖）的水。在取自然水有困难的地区，也可使用饮用水（井水、自来水）。器内水要保持清洁，水面无漂浮物，水中无小虫及悬浮污物，无青苔，水色无显著改变。一般每月换一次水。蒸发器换水时应清洗蒸发桶，换入水的温度应与原有水的温度相接近。

2）日常检查：检查蒸发桶内水面是否位于超声传感器的最高和最低刻度线之间，当水位即将高于不锈钢测量筒高水位刻度线（或即将接近蒸发桶溢流口）时，应及时将蒸发桶内的水舀出。当水位即将低于不锈钢测量筒低水位刻度线（或即将低于蒸发桶溢流口向下 10 cm 刻度线）时，应及时向蒸发桶内加水。取水或加水操作建议在几秒内一次性完成。

3）为蒸发桶清洗换水、加水、取水等操作前，对于新型自动站，做以上操作前需要在 ISOS 软件界面，将蒸发传感器的状态设为维护。操作结束后，等水面平静一段时间后，对蒸发传感器的状态进行“停止维护”的操作，一旦停止操作，软件将把采集到的数据作为正确数据。为避免影响正点数据采集，避开正点前后 10 min 进行维护。

4）每年在汛期前后（长期稳定封冻的地区，在开始使用前和停止使用后），应各检查一次蒸发器的渗漏情况等；如果发现问题，应进行处理。

5）定期检查蒸发器的安装情况，如发现高度不准、不水平等，要及时予以纠正。

12. 地温表的维护

1）裸地表土应保持疏松、平整、无草，雨后造成地表板结时，应及时将表土耙松。

2）必须经常注意地面三支温度表感应部分的安装状态，切实做到一半埋入土中

(球部与土壤须密贴),一半露出地面;露出地面部分要保持干净,及时擦拭附在上面的雨、露、霜、尘土等。每天 20 时观测后和大风、雷雨天气过后,应认真检查一次,保证安装正常。

每月检查一次曲管温度表的安装状况。安装深度、角度超过允许误差时,应立即纠正。

3)场地有积水或遇有强降水时,为防止地面的三支温度表漂动,可用竹、木或金属丝做成的叉形物叉住表身。

4)在夏季高温的日子里,为防止地面最低温度表失效,应在早上温度上升后观测一次后将表收回妥善保存,并于 19 时 30 分巡视时或者雷雨天气前将表放回原处。

5)在可能降雹之前,为防止损坏地面温度表和曲管地温表,应罩上防雹网罩,雹停后立即取掉。

6)冬季,为防止潮湿土壤冻结时冻住和损坏地面三支温度表,可事先用等量的凡士林和机油的混合物,涂抹表身贴地的一面;但在调整温度表时,注意勿使表从手中滑脱。

7)经常注意检查直管地温表的套管内有无积水。检查时,可在长棒上缚以吸水物来进行。若发现有水,应及时用竹竿或长棒缚上海绵、棉花等易吸水物反复插入管内将水蘸干。若管内经常积水,则应查明原因,视情况进行修理或更换硬橡胶套管。

8)每月检查一次地温表安装状况,并经常注意地温表保护框的清洁,特别要清除保护框铜帽上的泥垢。

13. 地温传感器的维护

1)保持安放地面温度传感器和浅层地温传感器的裸地地面疏松、平整、无草,雨后及时耙松板结的地表土;安放深层地温传感器的场地应与观测场地面一致。

2)查看地面温度传感器和浅层地温传感器的埋设情况,保持地面温度传感器一半埋在土内,一半露出地面,擦拭沾附在上面的雨露和杂物,浅层地温安装支架的零标志线要与地面齐平。

3)铂电阻地面温度传感器被积雪埋住时仍按按正常观测,但需在观测簿备注栏注明。

4)雨后和雪融后应检查深层地温硬橡胶套管内是否有积水,如有积水,应用头部缚有棉花或海绵的竹竿插入管内将水吸干,如发现套管内经常积水,则应检查原因,进行维修。

5)草温观测:当草株高度超过 10 cm 时,应修剪草层高度。

6)观测雪温期间,应经常巡视雪温传感器,使其置于积雪表面上。其操作方法与人工观测地面温度表有积雪时的操作方法相同。

14. 辐射传感器的维护

1)总辐射表的维护

总辐射的观测,应在日出前把金属盖打开,辐射表就开始感应,记录仪自动显示总辐射的瞬时值和累计总量。日落后停止观测,并加盖。若夜间无降水或无其他可能损坏仪器的现象发生,总辐射表也可不加盖。

开启与盖上金属盖应特别小心,要旋转到上下标记点对齐,才能开启或盖上。由于石英玻璃罩贵重且易碎,启盖时动作要轻,不要碰玻璃罩。冬季玻璃罩及其周围如附有水滴或其他凝结物,应擦干后再盖上,以防结冻。金属盖一旦冻住,很难取下时,可用吹风机使冻结物融化或采用其他方法将盖取下,但都要仔细,以免损坏玻璃罩。

每日上下午至少各一次对总辐射表进行如下检查和维护:

①仪器是否水平,感应面与玻璃罩是否完好等。

②仪器是否清洁,玻璃罩如有尘土、霜、雾、雪和雨滴时,应用镜头刷或麂皮及时清除干净,注意不要划伤或磨损玻璃。

③玻璃罩不能进水,罩内也不应有水汽凝结物。检查干燥器内硅胶是否变潮(由蓝色变成红色或白色),否则要及时更换。受潮的硅胶,可在烘箱内烤干变回蓝色后再使用。

④总辐射表防水性能较好,一般短时间或降水较小时可以不加盖。但降大雨(雪、冰雹等)或较长时间的雨雪,为保护仪器,值班员应根据具体情况及时加盖,雨停后即把盖打开。如遇强雷暴等恶劣天气时,也要加盖并加强巡视,发现问题及时处理。

2)净全辐射表的维护

净全辐射表观测的是全辐射差额,不仅白天观测夜间也要观测。记录仪显示的是瞬时值、时累计量和00—24时日总量,一般白天显示正值,夜间为负值。

净全辐射表和总辐射表一样,除每日上下午至少各检查一次仪器状态外,夜间还应增加一次检查。每次检查和维护的内容如下:

①感应面是否水平。

②薄膜罩是否清洁和呈半球凸起。罩外部如有水滴,应用脱脂棉轻轻抹去,若有尘埃、积雪等,可用橡皮球打气,使罩凸起并排除湿气。

薄膜罩通常每月更换一次,风沙多、大气污染严重或紫外光强易使聚乙烯老化的地区,要增加更换次数。

更换薄膜罩时要用专用工具(金属环)把压圈旋下,取下橡皮密封圈与旧罩,然后换上新罩,放上密封圈,再用专用工具把压圈旋紧。换罩时如发现密封圈老化或损坏应同时更换,更换时注意不要弄脏或碰坏黑体。如果感应面有脏物,要用橡皮球清除，不要用刷子等硬物去清除。

③遇有雨、雪、冰雹等天气时，应将上下金属盖盖上，加盖条件同总辐射表，稍大的金属盖在上，以防雨水流入下盖内。降大雨时应另加防雨装置。降水停止后，要及时开启。

由于薄膜罩密封性能不好或金属盖盖得不紧，大雨时，常把感应面弄湿，使得仪器短路或出现负值，应及时把仪器烘干或换上备份表。

④要注意观测结果的正负值。正常天气净全辐射夜间为负值，日出后1～2小时升为正值至中午为最大，日落前1～2小时又转为负值。如果出现相反情况，可能仪器的正负极接错。

⑤干燥剂失效要及时更换。

⑥注意保持下垫面的自然和完好状态。平时不要乱踩草面，降雪时要尽量保持积雪的自然状态。

净全辐射表出现的故障和处理方法与总辐射表基本相同。但最常见的故障是薄膜罩漏水使得感应面潮湿，造成记录出错。因此，气象站要备足薄膜罩和橡皮垫圈以便及时更换，保持好密封性。

3)直接辐射表的维护

直接辐射表与其他辐射表相比，不仅感应件要灵敏，而且还要跟踪准确，才能获得准确的直接辐射。要保持在任何天气条件下常年不断地、准确可靠地跟踪太阳是不容易的，因此要严格遵守操作规程。

每天工作开始时，应检查进光筒石英玻璃窗是否清洁，如有灰尘、水汽凝结物应及时用软布擦净。跟踪架要精心使用，切勿碰动进光筒位置，每天上下午至少各检查一次仪器跟踪状况(对光点)，遇特殊天气要经常检查。如有较大的降水、雷暴等恶劣天气不能观测时，要及时加罩，并关上电源。转动进光筒对准太阳，一定按操作规程进行，绝不能用力太大，否则容易损坏电机。直接辐射表每月检查的内容和总辐射表基本相同，除检查感应面、进光筒内是否进水、干燥剂颜色、接线柱和导线的连接状况外，重点应检查仪器安装与跟踪太阳是否正确。

4)散射辐射表的维护

散射辐射表的使用与维护基本同总辐射表。观测散射辐射时，日出前，转动丝杆调整螺旋，将遮光环按当日赤纬调在标尺相应的位置上(有时也可几天调整一次)，使遮光环全天遮住太阳直射辐射。每日上下午巡视一次，检查遮光环阴影是否完全遮住仪器的感应面与玻璃罩，否则应及时调整。

平时要经常保持遮光环部件的清洁和丝杆的转动灵活。发现丝杆有灰尘或转动不灵活时，尤其是风沙过后，要用汽油或酒精将丝杆擦净。较长时间不使用，应将遮光环取下或用罩盖好，以免丝杆和有关部件锈蚀。长时间使用遮光环，当圈环颜色

(外白内黑)褪色或脱落时,应重新上漆。

图 11-1　散射辐射表遮光环工作状态

5)反射辐射表的维护

反射辐射表使用、维护和一般性检查与总辐射表相同。

15. 日照计的维护

1)暗筒式日照计的维护

每月应检查仪器安装情况,仪器的水平、方位、纬度等是否正确,发现问题,及时纠正。日出前检查日照计的小孔,有无小虫、尘沙等堵塞或被露、霜等遮住。

2)聚焦式日照计的维护

每日检查一次,安装的方位、水平、纬度等是否正确。应经常保持玻璃球的清洁,如有灰尘可用麂皮或软布擦净,但不能用粗布等物擦拭,以免磨损玻璃球。如玻璃球上蒙有霜、雾凇等冻结物,应在日出前用软布蘸酒精擦除。有降水时,应加上防雨罩,但在降水稀疏且有日照时,应及时取掉。

16. 冻土器的维护

1)当内管水量不足时,应及时补充加水。但不能在临近观测前加水,以免水温偏高影响记录。内管灌水时,应注意不能使水柱中余留气泡。

2)勿使降水和其他物体落入外管内,否则应及时清除。

3)每年使用冻土器前,应注意检查内管、外管的零线与地面是否齐平。若产生位移,应在土壤冻结前调整好。冻土期结束后,应将内管的水放掉,晾干,收回室内妥善保管;外管口用不渗水的物品包扎牢。

4)在冻结较深的地区,为提取内管和观测的方便,可在靠近冻土器的东北侧设一吊架供观测时吊取内管用。

17. 电线积冰设备的维护

1)每年非积冰季节,应将绊钉、导线和合页箱等金属器械、工具擦干净,适当涂油,防止锈蚀。在积冰季节临近前,再把积冰架等各项用具检查擦拭一次,并安装好导线。

2)为防止积冰时导线在绊钉孔中冻住,可事先在绊钉孔内外和导线两端的插入段上,涂上一些油脂(用机械油和凡士林油等量混合配制)。但要注意切勿把油脂沾到导线的水平段上,以免影响积冰的形成。

3)在积冰过程中,为了勿使支柱上的积冰影响导线上积冰的发展与变化,可视具体情况,适当刮除附着在支柱上的积冰物。

18. 量雪器和称雪器的维护

1)体积量雪器的维护

每次观测后,必须将仪器擦净,并防止金属筒的刀刃口变形、变钝。

2)称雪器的维护

观测后必须将仪器擦净,秤杆上的两个三棱刀要经常保持清洁,涂油防锈。注意维护锯齿圈,防止变形。

实习十二　地面业务软件安装及基本设置

一、实习目的

要求学生独立完成软件安装、设置台站参数、卸载软件等操作，熟悉 ISOS 软件各项功能。

二、实习内容

台站地面综合观测业务软件(ISOS)(Integrated Surface Observation System)是与新型自动气象站(DZZ4、DZZ5、DZZ6 等型号)相配套的气象观测台站软件系统，具有气象要素数据采控、业务管理、测报业务、报表制作、数据传输等功能。本实习以 ISOS(Ver2.0.0.0)为基础进行实习。

1. ISOS 的安装

双击“地面综合观测业务软件(Ver2.0.0.0).exe”，弹出“安装向导”对话框(如图 12-1)点击“下一步”，弹出“选择目标位置”对话框，建议安装在非系统盘的其他盘符上，如安装在“D:\ISOS”，点击“下一步”。

弹出对话框“台站信息:请选择省份”，选择相应的省份。此处应确保省份选择正确，如软件安装完成后该项无法修改，只能重新安装再进行修改。如选择“江苏”，进入下一步“台站信息:区站号”对话框。输入本站区站号，一般为 5 位数字(也可输入字母、数字组合，支持输入区域站的区站号)，学生实习时以本人学号后五位作为区站号，如输入“01029”。确保区站号输入正确，软件安装完毕后，数据文件均存储在以该区站号命名的文件目录下。

点击“下一步”，弹出“选择开始菜单文件夹”对话框，默认选择的文件夹名称为“地面综合观测业务软件”，点击“下一步”，弹出“准备安装”对话框，点击“安装”。安装过程中，如果杀毒软件在运行，提醒有风险，建议单击“更多”，选择“允许程序所有操作”并勾选“不再提醒”或安装前卸载杀毒软件。点击完成，提示“首次运行应设置区站参数”，正确设置区站参数后，安装完成，开始运行软件。如果去掉复选框的勾选，则完成安装，不运行软件。

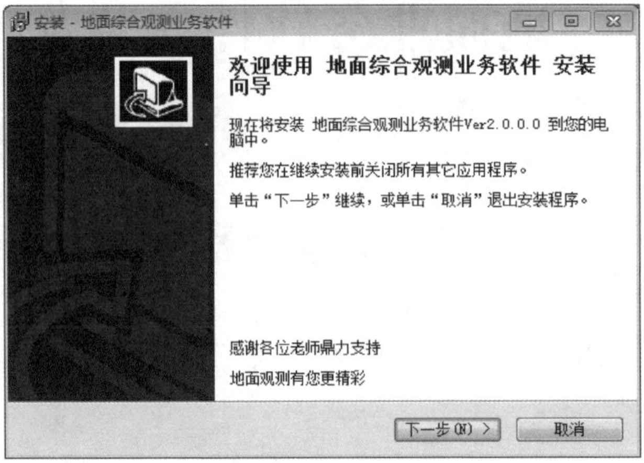

图 12-1　安装界面

2. 参数设置

初次运行该软件，需要进行区站参数设置。ISOS 软件参数设置包括观测项目挂接设置，台站参数设置，人工录入参数设置，质控参数，分钟、小时极值参数，系统设置和通信参数设置等内容。

1)观测项目挂接设置

“观测项目挂接设置”包括：地面综合观测主机、新型自动站(24 个要素可选)、云(云高、云量，暂无云状)、能见度(指独立安装的能见度仪)、天气现象(目前仅支持降水类)、辐射(11 种辐射观测项目可选)、视程障碍判别、日照和基准辐射(11 种辐射观测项目可选)共 9 大类挂接选项，各站根据设备实际安装情况选择挂接项目，其中地面综合观测主机必须挂接。挂接能见度设备时，如果是独立能见度设备，则挂接“/能见度”；接入主采集器的自动能见度观测设备是新型自动站的一个传感器，应挂接“/新型自动站/常规气象要素/能见度传感器”，这两个设备不能同时挂接，最多只能挂接一个。

2)台站参数设置

台站参数包括观测台站的基本设置信息如区站号、地址、地理环境、观测次数、台站类别、海拔高度、仪器安装高度、辐射站级别、辐射传感器安装高度、视程障碍现象设置、人工观测参数设置等(图 12-2)。具体要求如下：

①“区站号”和“省名”在软件安装过程中已输入，在“区站参数”设置页面为灰显，不能进行修改。

“台站名”为台站的全称，该栏只能输入中文、字母、数字、下划线等，建议不要超过 10 个汉字或 20 个字符。

“站址”栏为台站所在详细地址，只能输入中文、字母、数字、下划线等，最多 100 个汉字。

“地理环境”：填写台站所处地理环境描述，如有两个或以上地理环境描述，在英文状态下输入“;”分隔，如：郊区；山顶。

“省编档案号”，由 5 位数字组成。“台站字母代码”，由四位大写的英文字母组成，每个台站的字母代码都是唯一的。

②“自动站类型标识”，根据台站类别，选择“基准站”“基本站”或“一般站”。“人工定时观测次数”，“基准站”和“基本站”选择 5 次，“一般站”选择 3 次。

③“观测场海拔高度”“气压传感器海拔高度”“风速传感器距地(平台)高度”“风向传感器距地(平台)高度”“平台距地高度”“各辐射表离地高度”以 m 为单位，保留 1 位小数。

④“辐射站级别”默认为灰显，只有当“观测项目挂接设置”中勾选了“辐射”之后才可以进行设置。“辐射站级别”与各辐射表离地高度相关联。例如选择了“二级站”，“总辐射”“净辐射”会开放选择，“总表离地高度”、“净表离地高度”也会开放录入。“地方时差”为根据台站经度自动计算得到，此处为灰显。在完成辐射项目挂接、参数均设置完毕后，通过“采集器通信监控操作命令”或“维护终端”功能，将台站经度和地方时差写入自动站数据采集器。软件中的地方时差、经纬度参数必须和自动站数据采集器中的设置一致。根据台站是否有基准辐射观测任务，“基准辐射站”选择“是”或“非”。

⑤“酸雨观测站”：根据台站是否有酸雨观测任务选择“是”或“非”。

⑥“视程障碍现象湿度”：自动判别发生轻雾和霾现象的相对湿度阈值，默认 80，可根据台站实际情况进行合理设置，保留整数。

“视程障碍现象 24 小时温差”：自动判别发生浮尘现象的 24 小时温差参考值，以℃为单位，保留 1 位小数，软件默认－10.0，一般保留默认值。

“视程障碍现象风速”：自动判别扬沙和沙尘暴现象的 2 min 平均风速参考值，以 m/s 为单位，保留 1 位小数。软件默认 10.0，一般保留默认值。

“视程障碍现象能见度高阈值”：输入判别轻雾和扬沙的最低自动观测 10 min 滑动平均能见度值(同时也是判别雾和沙尘暴报的最高自动观测 10 min 滑动平均能见度值)，以 m 为单位，保留整数。根据相关业务规定设置阈值。

“视程障碍现象能见度低阈值”：输入判别雾、沙尘暴、浮尘和霾的自动观测

10 min滑动平均能见度值，以 m 为单位，保留整数。根据相关业务规定设置阈值。

⑦“降水相态温度参数”是降水相态变化的参考值，默认为“0”，“降水相态间隔参数”默认值为“10”，一般保留默认值。

⑧人工观测参数与挂接项目进行了关联，一定要先设置挂接项目再设置台站参数。人工观测参数中，自动观测的项目灰显时不可修改，由软件判断关联为“无”。

以上各项参数均不输入单位。

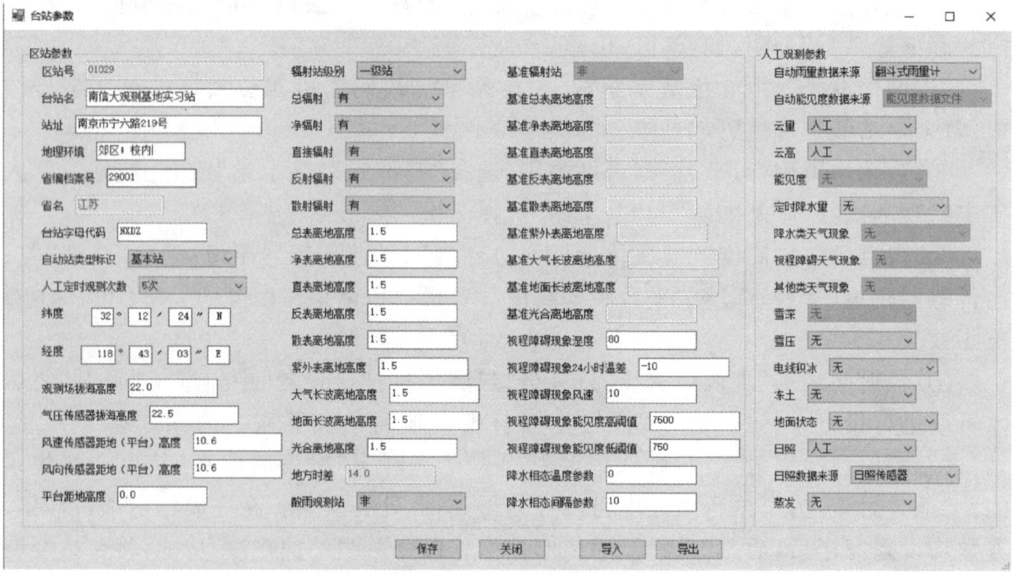

图 12-2　台站参数设置

3）人工录入参数设置

该界面包括选项设置、发送参数设置、辐射参数、酸雨参数、酸雨仪器参数、基准辐射参数和其他。

①选项设置

选项设置包括重要报发报标准、航危报、应急加密观测、Z 文件设置、报文生成设置、大风报警等（图 12-3）。

重要天气报编报视程障碍、大风、龙（尘）卷、冰雹、雷暴五种重要天气报。按照国家标准或省定标准进行编发。视程障碍现象包括雾、霾、浮尘、沙尘暴等现象，对应的能见度的值取十分钟滑动平均作为编发依据。勾选“报文生成设置”中的“重要天气报”后才可以勾选重要天气报发报标准下的自动编发，视程障碍现象发报标准按人工标准设置，软件首发标准自动按 0.75 倍控制。龙（尘）卷、冰雹、雷暴依靠人工输入数据，手动发送报文。

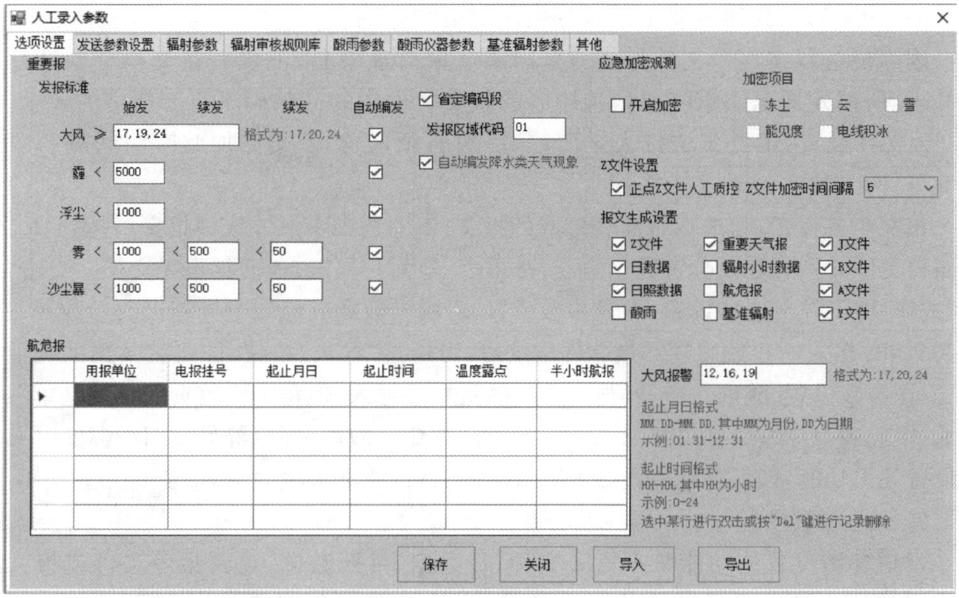

图 12-3　人工设置界面

大风重要天气报按本省实际需要发出的标准设置；如大风的国家标准为始发 17 m/s，续发 24 m/s。省级标准自定如：始发 17 m/s，续发 19 m/s，续发 24 m/s。大风报警的设置，可以与重要天气报不对应，按实际需求设置报警。

自动编发降水类天气现象：勾选后，则在"正点观测编报"中的"天气现象连续记录"内采集降水类天气现象；如果不勾选，只采集视程障碍类天气现象。

开启加密，应急加密选项可对雪、电线积冰、能见度、云、冻土加密项进行分别控制；开启加密后，加密的非定时观测时次 Z 文件发送时间为"发送参数设置"标签页中"加密 Z 文件发送时间设置"的时间。勾选后，需要加密观测的时次，在"正点观测编报"中选择"加密周期"后，"加密雪量"等加密观测项目可以进行输入或修改；报文延迟发送。不勾选，"正点观测编报"中"加密周期"则灰显不能修改，无法输入加密观测数据。

省定编码段：勾选该项后，重要天气报编报界面"省定补充段"可输入；否则灰显，无法输入。本省有需求的进行勾选，无省定编码的不勾选。

发报区域代码：台站根据上级业务管理部门的规定输入。发报区域代码，按气象通信传输规程形成报文，简式报头行 T1 T2 A1 A2ii 中的 ii 编码为气象公报编号，按下列规定编码：

ii＝01－19　全球交换；

ii＝20－39　区域或区域间交换；

ii＝40－89　国内或双边交换；

ii＝90－99　其他主要用于区分报文交换的范围。

因为现行报文均以文件方式传至国家气象信息中心，汇集后按交换范围进行分发处理，所以发送至国家气象信息中心的报文文件中的 ii 编码不再有严格的要求。

Z 文件设置：正点 Z 文件人工质控，一般必须勾选；Z 文件加密时间间隔一般选择 5 分钟，或按实际需求选择。

报文生成设置：勾选本站需要形成的报文，不勾选则不形成该种报文；右侧 J、R、A、Y 四种文件分别为地面分钟数据、辐射月报表、地面月报表、地面年报表文件。点击“导出”按钮，即可导出选项设置、发送参数设置、酸雨参数和其他四个标签页的参数。并保存为 XML 格式的参数文件。当软件重装后，可通过“导入”按钮，即可将导出的选项设置、发送参数设置、酸雨参数、其他四个标签页一并导入，但每个标签页的参数是单独保存的，因此四个标签页都需要点击一下“保存”按钮。酸雨、辐射等另外四个标签页参数未设置导出功能，仅保存在 D:\ISOS\bin\Config\ 目录下单独的 XML 文件中。

②发送参数设置

发送参数设置的功能是设置 Z 文件、日数据、日照数据、重要报等文件或报文发送方式（图 12-4）。需要上传某类文件时，先将该类文件对应的“是否发送”框勾选后，再输入正确的 ftp 服务器地址、用户名、密码进行设置。定时观测 Z 文件发送时间设置：台站实际工作中应按本省规定设置，例如 90 秒。加密 Z 文件发送时间设置：台站实际工作中应按本省规定设置，例如 60 秒。

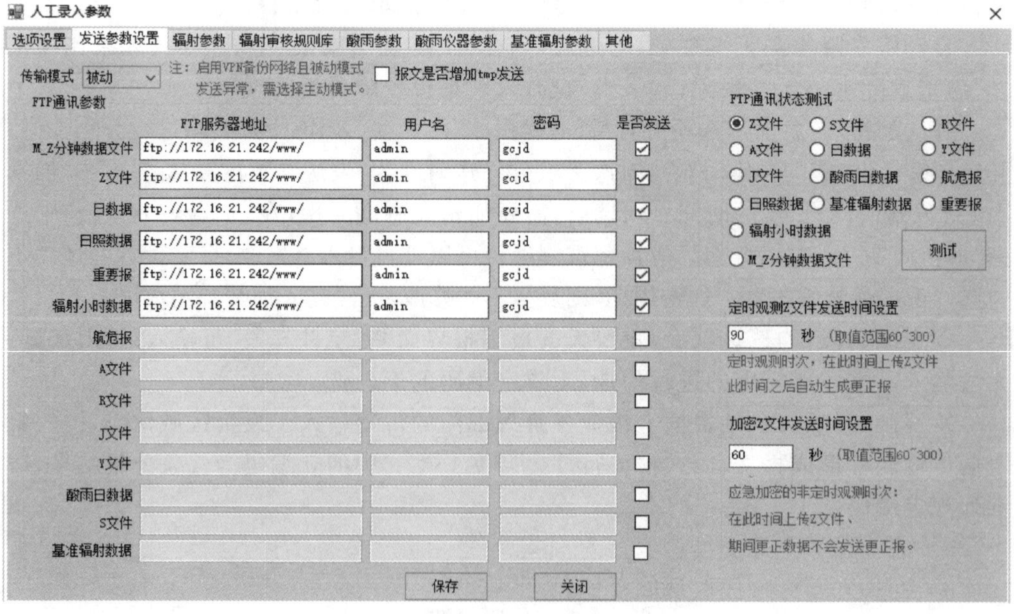

图 12-4　发送参数设置界面

“传输模式”一般选择“被动”模式，只有启用 VPN 备份网络且被动模式发送异常的台站才选择“主动”模式。

“报文是否增加 tmp 发送”一般不勾选，只有数据正常上传但省级服务器收不到报文时，才勾选“报文是否增加 tmp 发送”。

③辐射参数

该界面设置辐射仪器参数，以表格形式列出，包括仪器名称、型号、辐射表号码、灵敏度、响应时间、电阻、检定日期和启用日期。其中，辐射表灵敏度由 4 位数字组成，单位为 0.01 W/m^2。净全辐射表灵敏度需录入白天值和晚上值两组，用半角“;”隔开。辐射表响应时间 t 值由 2 位数字组成，单位为 s。辐射表电阻 R 值由 4 位数组成，单位为 0.1 Ω。在生成 R 文件的时候，将自动读取该表的数据。如果某行参数需要删除，只需将该行第一栏中的仪器名称删除或选择为空白，再保存即可。

④酸雨参数

酸雨参数分为 pH 值区和 K 值区，pH 值区分别在前推三年、前推两年、前推一年的输入框内分别填写当年数值的前五个极大值与极小值以及降水次数。pH 极值扩大百倍输入，每个用“,”分隔。K 值区输入同 pH。注意非年末时不可点击年末计算按钮。

⑤酸雨仪器参数

选择酸雨仪器的名称，并填写规格型号、编号、数量、购置或检定日期、启用日期、备注等有关该仪器的相关信息，填写完成后点击保存按钮。

⑥基准辐射参数

基准辐射仪器参数的内容包括仪器名称、型号、号码、灵敏度、响应时间、电阻、检定日期、启用日期。仪器名称包括总辐射表、净全辐射表、直接辐射表、散射辐射表、反射辐射表和记录器，用下拉列表选择输入。规格型号、编号可输入任意字符，但限定了最大长度。购置或检定时间、启用时间由日历表选择输入。删除某行参数的方法同“辐射参数”中相同。

⑦其他

有该项业务的台站勾选“是否发送”复选框并设置北斗路径目录（不能为空），软件默认设置为“C:\AwsNet”，可以自行修改，数据文件上传到 FTP 服务器前，将自动复制到北斗路径下。

4）质控参数

根据雨、雪、雨夹雪、毛毛雨、冰雹等天气现象发生时，设定相对湿度、温度、持续时间的阈值，以便天气现象仪能准确地判断这类天气现象，一般建议使用默认数值，无须更改（图 12-5）。

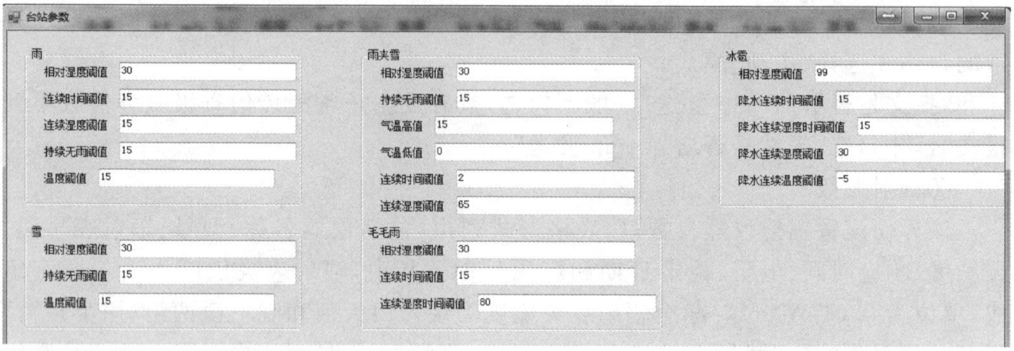

图 12-5　质控参数界面

5)分钟、小时极值参数

①首次运行该软件,会自动弹出“分钟极值参数”和“小时极值参数”,可直接导入默认值、保存。如需修改,可从“主菜单\参数设置\”调取出“分钟极值参数”或“小时极值参数”,选取需要修改的要素,点击“整行修改”或者双击需要修改的单元格,即可修改,并保存当前改动。

②导入、导出功能

如果有本站的极值参数文件(格式为 Syslib. mdb 或 * . txt),可以用“导入”功能导入参数文件。如果要保存当前使用的参数文件,可使用“导出”功能,保存为文本文件格式。

6)系统设置及通讯参数设置

系统界面设置中,首页控件显示要素所在数据表选择“常规要素每日逐分钟订正数据表”,用订正后的分钟数据显示在首页界面上,然后点击“保存”“确定”后运行软件。

D:\ISOS\dataset\省名\IIiii\AWS\AWS. dev 文件保存了挂接各设备的通信参数(包括通信端口、波特率、校验位、数据位、停止位等)。观测项目挂接设置窗口导入的参数,包括了观测项目挂接内容和各设备的通信参数。在软件首页右键点击挂接仪器设备,选择“通信参数”,可以修改通信端口等参数。每个独立连接的设备只能对应一个端口,检查对应设备接入端口号,在图 12-6 的界面修改对应设备的通信端口号并保存。

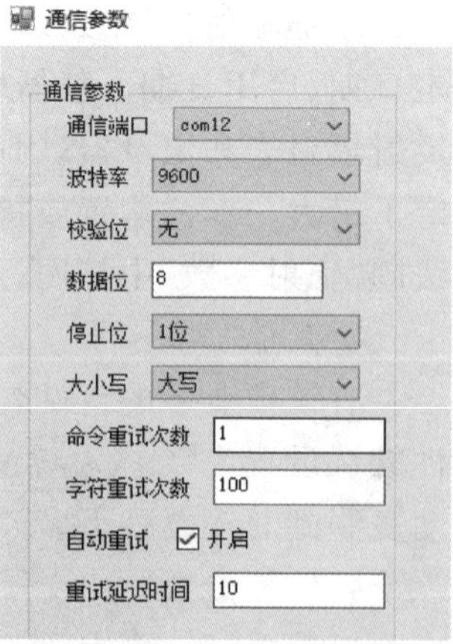

图 12-6　通信端口设置界面

3. 卸载软件

点击 WINDOWS“开始”→“所有程序”→“台站地面综合观测业务软件”→“卸载台站地面综合观测业务软件”或者通过 WINDOWS 控制面板里的程序卸载功能卸载软件。

三、实习及练习

1)完成 ISOS 的安装,并参照本章节图例完成各项参数设置:设备挂接参数、台站参数、人工录入参数、分钟极值参数、小时极值参数的导入导出等。

2)将该站增加酸雨观测任务,并导入酸雨数据库,计算酸雨参数。

3)完成 ISOS 的卸载。

实习十三　地面业务软件常规操作

一、实习目的

掌握地面综合观测业务软件“历史数据下载”“模拟数据”“设备操作(维护、标定、停用、用命令读取数据)”以及“数据查询”等功能的使用。

二、实习内容

1. 导入实习数据

当地面综合观测业务软件没与自动站连接时，为了保证教学实习的顺利开展，软件提供了虚拟数据的功能。将软件的配置文件进行适当修改，并按照实习要求，通过下载台站实际的自动站小时数据和分钟数据，以及云数据、能见度数据、天气现象数据、辐射数据、日照数据、基准辐射数据，来制作各设备模拟数据(需要使用与实习台站经度相同的台站所获得的实际辐射数据和日照数据)，并存入软件的数据文件夹中。操作步骤如下：首先把软件关闭，然后将所在机房\ISOS\dataset\江苏\实习数据\下的所有文件夹覆盖拷贝到 D:\ISOS\dataset\江苏\01029 文件夹下。

2. 显示虚拟实时数据

内部给定的模拟数据有极值时间，如果系统时间与数据时间不一致会导致矛盾，要求开始模拟采集时间应与给定数据时间一致。首先将计算机时间修改为 2017 年 9 月 9 日 07 时 58 分 35 秒，然后双击桌面“台站地面综合观测业务软件”打开软件，选中新型自动站，点击鼠标右键开启模拟数据功能(图 13-1)，无须输入管理员和密码，直接点击“登录”即可。在 59 分 20 秒之前，以同样方式逐个设置完成其他设备的虚拟数据显示后，从 59 分开始，模拟的实时观测数据即可在每分钟的 20 秒显示在 ISOS 软件首页。

2 分钟后，自动弹出 08 时正点观测编报界面，进行观测数据业务处理；这是在自动观测数据基础上，建立的人工和自动观测交叉型业务处理流程，在这个界面录入以下数据（极值及出现时间不进行处理）：

总低云量 10/0；夜间天气现象：轻雾、露、雨、雾[105]

说明：雨在 07 时之前已经停止；雾出现在 05 时 02 分，08 时已变薄，天空可辨。

使用 ISOS 进行 08 时正点观测编报时，要注意夜间人工天气现象以及云量、云高等其他人工观测数据的录入。录入人工天气现象后，应点击“天气现象电码”按钮，当天气现象电码自动编报错误时，需参考附录 D 天气现象的编报方法，人工进行修改 wwW_1W_2，再点击“保存”，使界面上的所有数据均存入 D:\ISOS\dataset\江苏\01029\DataBase\AWZ. db 文件中，并同时进行正点 Z 文件的编发。

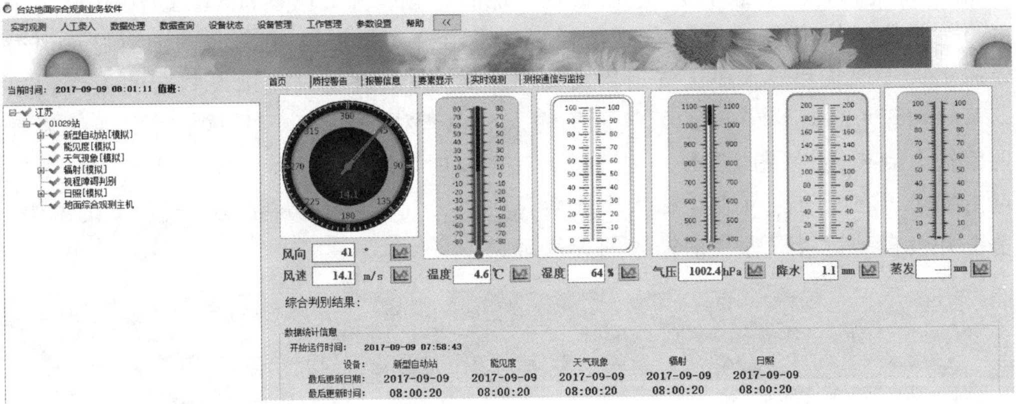

图 13-1　虚拟数据设置

正点观测界面数据格式如表 13-1 所示。

表 13-1　正点观测界面数据单位或格式

要素	单位或输入格式	要素	单位或输入格式
海平面气压、气压与极值	单位：0.1 hPa	人工录入能见度	单位：0.1 km
当前、最高、最低气温	单位：0.1 ℃	降水量及合计降水量	单位：0.1 mm
相对湿度、最小湿度	单位：%	总云量、低云量	单位：成数
瞬时、2 min、10 min、最大、极大风向	单位：(°)度	云高	单位：m
瞬时、2 min、10 min、最大、极大风速	单位：0.1 m/s	冻土	单位：cm
蒸发	单位：0.1 mm	雨凇直径	单位：mm
1 min 平均、10 min 平均、最小能见度	单位：m	冰雹直径	单位：mm
地温与极值、浅层、深层地温、草温与极值等	单位：0.1 ℃	积雪雪深	单位：0.1 cm

续表

要素	单位或输入格式	要素	单位或输入格式
各要素小时极值出现时间	时分，四个字符，不足位补零	积雪雪压	单位：0.1 g/cm^2
天气现象	输入电码或代码，夜间出现的天气现象按照出现时间的顺序进行记录，不同现象的电码用“，”隔开； 白天出现的天气现象，按照出现的先后时间进行记录，每个现象占一行，如有两段以上的时间用英文“'”符号分开		
天气现象电码 wwW_1W_2	四位电码，代表现在和过去天气电码，具体编报方法参看附录 D		

在正点观测时次，值班员按照人工实际观测情况在正点人工录入界面依次录入云、能见度、雨量、积雪、冻土深度、重要天气值、地面状态和天气现象等气象要素的数据。

为了便于值班员工作，天气现象栏实现了半自动化工作，它能自动读取显示视程障碍类天气现象和降水类天气现象及其起止时间，值班员只需录入剩余的天气现象即可。白天 08:01—20 时的天气现象输入到白天栏，夜间 20 时—08 时出现的天气现象输入到夜间栏(图 13-2)。在选择天气现象时，使用鼠标在对应的天气现象图标点击即可。在所有天气现象输入完成后，点击“天气现象编码”完成天气现象的编码，系统并会自动记录保存当前输入的天气现象。

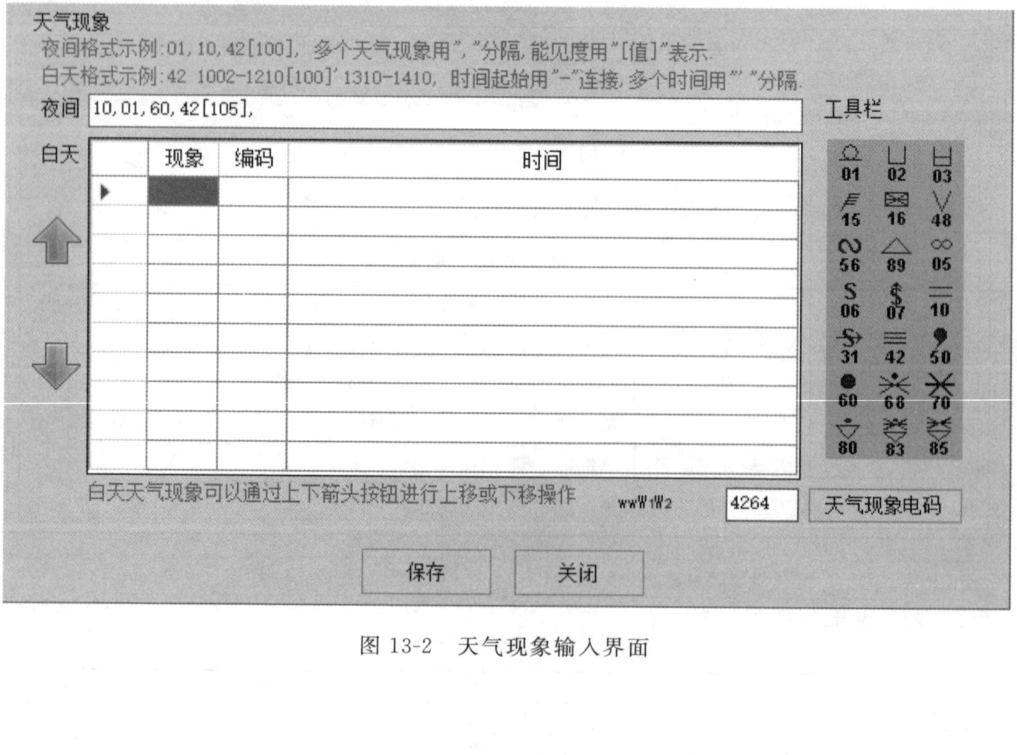

图 13-2　天气现象输入界面

3. ISOS 设备管理

当需要对设备进行标定、维护、停用时，需要先在 ISOS 软件中进行相应的操作，以确保不会产生错误数据；当设备进行标定、维护、停用操作时，软件会将正在进行标定、维护、停用的设备的数据设置为缺测，以保证不会有错误数据保存到数据文件中。

在设备管理菜单下，点击相应的子菜单，点击开始维护(标定、停用)，选择需维护(标定、停用)的传感器，输入操作人姓名，输入操作内容，点击“维护(标定、停用)”，点击“确定”。

例如：对日照设备进行设备维护操作。

在设备管理菜单下，点击“设备维护”子菜单，点击“开始维护”，选择“/日照/日照观测传感器”，设定开始时间与结束时间，输入操作者姓名，输入“因日照设备附着蜘蛛网较多，对日照设备进行维护”，点击“维护”，点击“确定”，如图 13-3 所示。

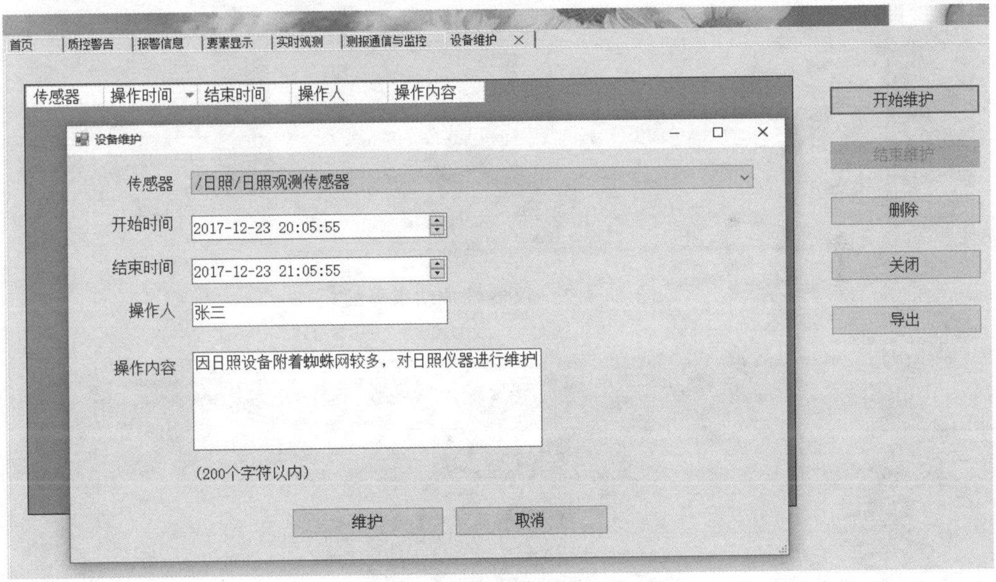

图 13-3　仪器维护界面

当维护工作结束后，点击“结束维护”(图 13-4)，不用修改时间等内容，直接点击“结束维护(标定、停用)”停止维护(标定、停用)设备，点击“确定”。

4. 下载历史数据

当自动站小时或分钟数据出现缺测时，可以从采集器上下载数据，点击“数据处理”，选择“历史数据下载”，弹出对话框，首先选择要下载的数据来源，然后输入或调整“起止时间”，其中，“起止时间”跨度最长为 7 天，“结束时间”不能超过当前时间。如果勾选“覆盖正常数据”选项，下载的历史数据将覆盖已有小时和分钟采集数据文件里的数据；不勾选，则只下载未写入时段的数据，不覆盖已写入时段的数据，一般不勾选此项。最后点击“开始下载”按钮（图 13-5）。下载速度：1 条数据记录/2 秒。“下载历史数据”进度条显示下载进度，历史数据下载窗口显示下载状态，结束后提示下载完成信息，下载时不影响设备正常采集。

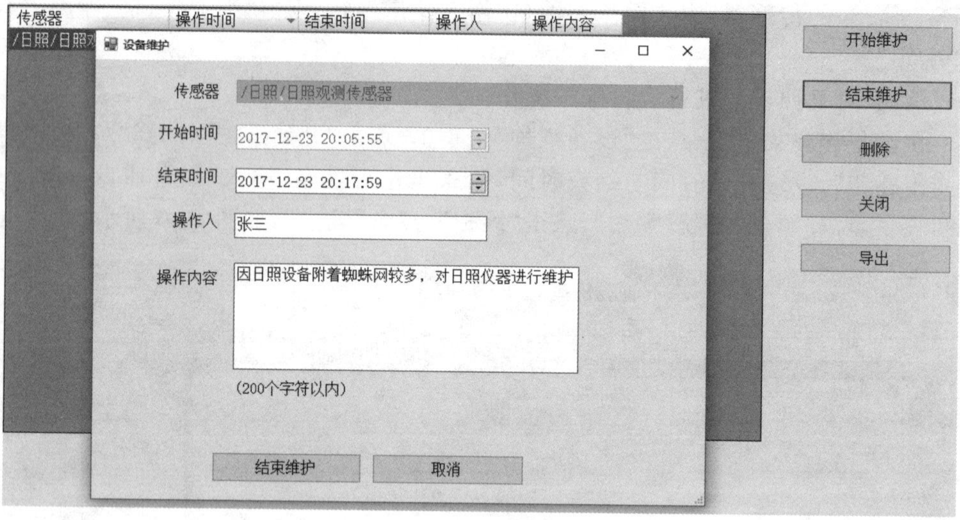

图 13-4　仪器维护结束界面

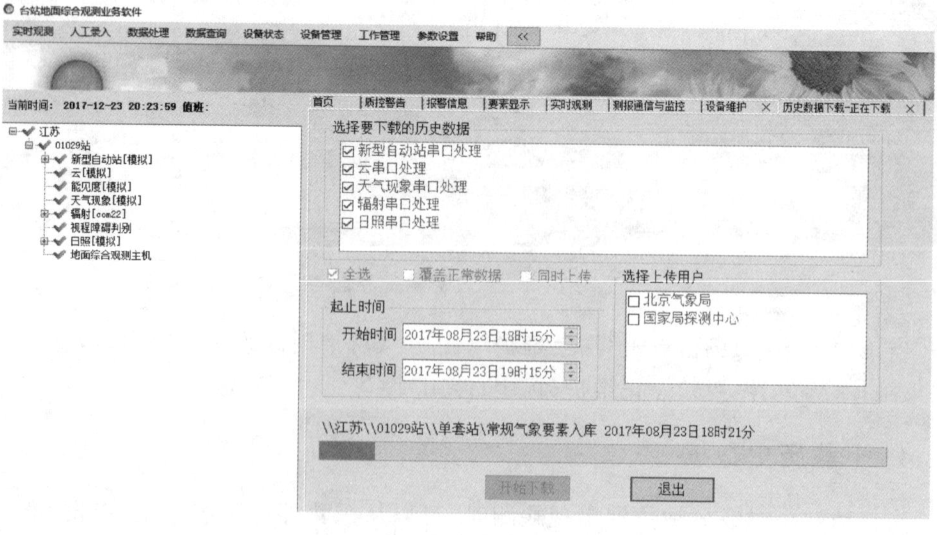

图 13-5　历史数据下载

5. 数据查询

首页点击“数据查询”功能，可查询分钟要素、小时要素、当前要素、详细要素、日统计等信息。例如：选择“日照要素每日逐分钟订正数据表”查询 2017 年 8 月 24 日 09 时 06 分至 16 时 15 分详细要素并显示(图 13-6)。

图 13-6　数据查询

使用 ISOS 进行数据查询时，要注意数据源(即表名的选择)、查询时间、查询要素等参数项的选取，并建议首先选取数据源。

6. 端口调试命令

1)读取小时数据命令

使用 ISOS 读取新型自动站小时数据时，要注意端口的选择及输入正确的命令。

在设备管理菜单下，点击“维护终端”子菜单，端口选择为“新型自动站串口处理”，在端口下方的命令行输入“DHGD”，点击右侧的“发送命令”，如图 13-7 所示。

2)读取分钟数据命令

在设备管理菜单下，点击“维护终端”子菜单，端口选择为“新型自动站串口处理”，在端口下方的命令行输入“DMGD”，点击右侧的“发送命令”，即可读取新型自动站当前分钟数据（图 13-8）。

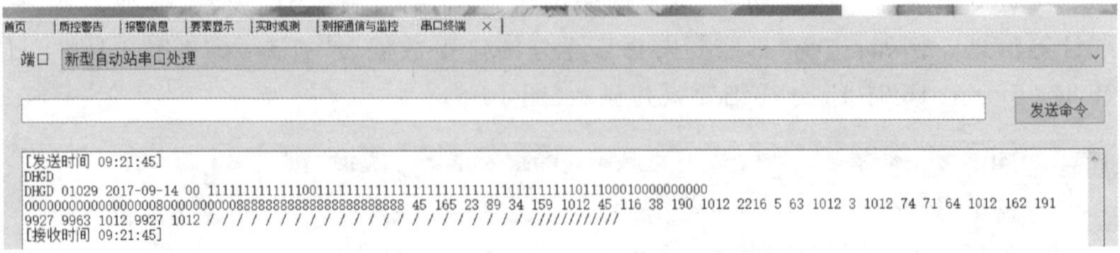

图 13-7 读取新型自动站小时数据

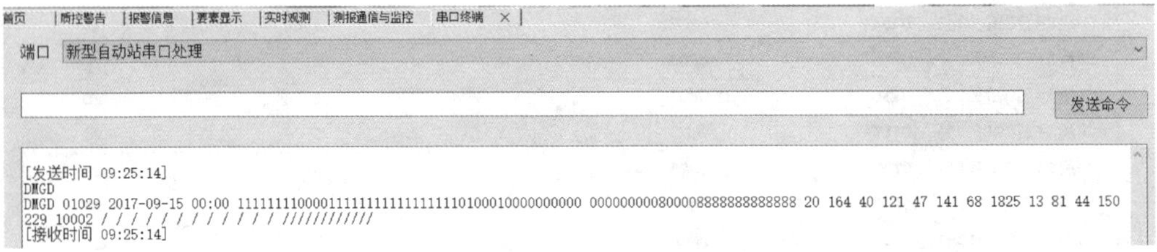

图 13-8 读取新型自动站分钟数据

3）读取天气现象仪分钟数据

在设备管理菜单下，点击“维护终端”子菜单，端口选择为“天气现象串口处理”，在端口下方的命令行输入“READDATA”，点击右侧的“发送命令”，如图 13-9 所示。

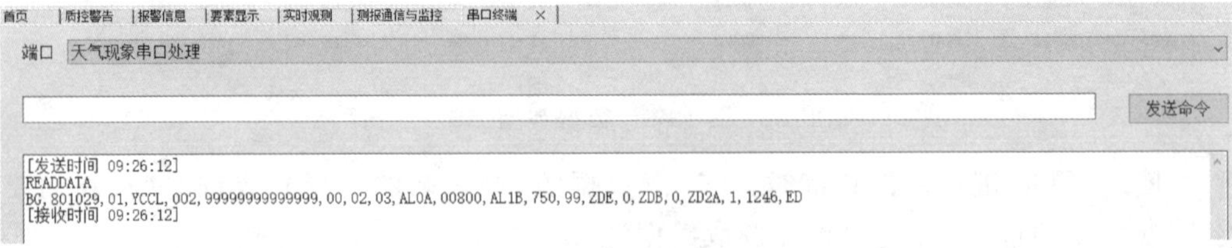

图 13-9 读取天气现象仪分钟数据

三、实习及练习

1）练习 ISOS 软件历史数据下载功能的使用。

2）练习 ISOS 软件模拟数据功能的使用，并完成正点数据维护。

3）练习 ISOS 软件设备操作（维护、标定、停用、用命令读取数据）功能的使用。

4）练习 ISOS 软件数据查询功能的使用。

实习十四　地面业务软件人工操作

一、实习目的

要求学生掌握观测数据的输入方法、定时数据处理、编报规则，能对给定时段的缺测数据进行处理，熟练掌握各类天气现象的输入和电码编报。

二、实习内容

1. 正点观测编报

根据表 14-1 给出的实况资料，依次对 01029 站 2017 年 8 月 9 日 08、11、14、17、20 时 5 次定时资料进行处理，(所给备份站数据均正常，无其他数据，缺测数据按进行代替或内插，海平面气压、水汽压和露点温度自动计算)。注：天气现象输入到当前正点时刻；如果处理了分钟降水量，需将影响时次按时间先后顺序逐个时次编发更正报(点击降水量栏的“重新统计”按钮后再保存)。

表 14-1　实况资料表

项目		08 时	11 时	14 时	17 时	20 时
总/低云量		10/0	10^-/3	10^-/6	10^-/9	10/10
云高		2600 m	1600 m	1200 m	800 m	900 m
备份数据	温度	21.2 ℃	25.2 ℃	28.2 ℃	28.8 ℃	25.9 ℃
	湿度	96%	—	62%	96%	69%
	气压	997.7 hPa	997.3 hPa	996.9 hPa	996.0 hPa	996.9 hPa
	蒸发	0.2 mm	0.3 mm	0.3 mm	0.3 mm	0.2 mm
人工能见度		6.0 km	15.0 km	18.9 km	90 m	38.0 km

续表

项目		08 时	11 时	14 时	17 时	20 时
天气现象	20—08	轻雾(07 时 50 分消散)、露、雨				
	08—20	雨 0800—0906'1406—1509、轻雾(下午出现,08、09 时受雨影响导致能见度差)、雾 1618—1709[90]				
说明		13 时 33 分—18 时 59 分能见度数据异常,人工观测视程障碍现象,15 时 06 分出现轻雾,16 时 18 分能见度 960 米,16 时 36 分能见度 490 米;15 时 16 分—18 时 56 分相对湿度数据异常				

练习一:处理 2017 年 8 月 9 日 08 时定时数据

软件首页,点击"人工录入"选择"正点观测编报",在弹出的页面,调整观测时间为 2017 年 8 月 9 日 08 时,并回车,得到该时刻数据,如图 14-1 所示。

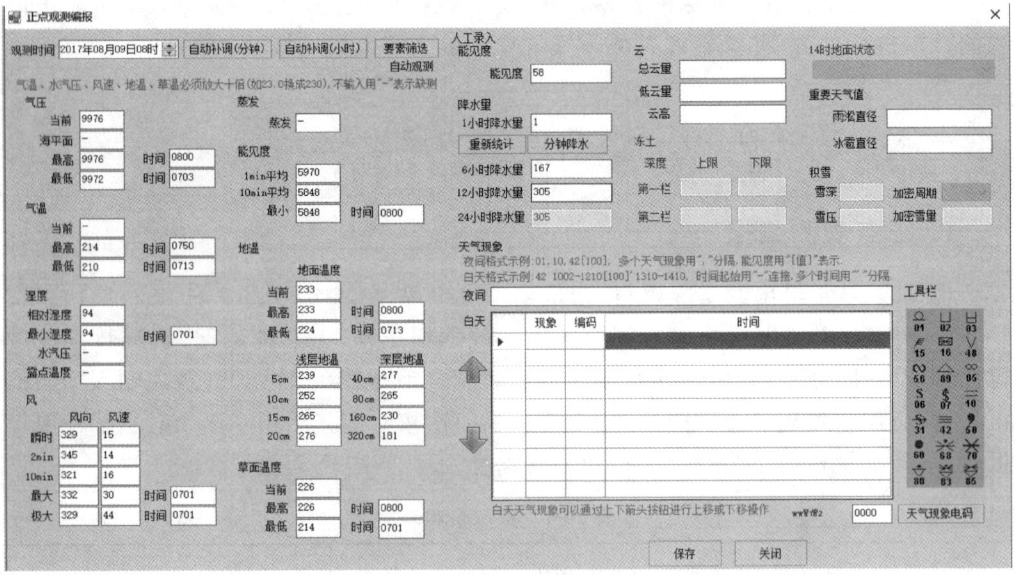

图 14-1　2017 年 8 月 9 日 08 时待处理定时数据

08 时定时数据处理要求:

1)按照实习十六规定要求,利用分钟数据或备用自动站数据、内插、人工观测数据等方法对缺测的数据进行处理,并重新计算海平面气压、水汽压、露点温度;

2)录入总云量、低云量、云高;

3)录入夜间天气现象,截止时间为 08 时 00 分,并核对生成的天气现象电码。

练习二:处理 2017 年 8 月 9 日 11 时定时数据

调出 8 月 9 日 11 时定时数据,如图 14-2 所示。

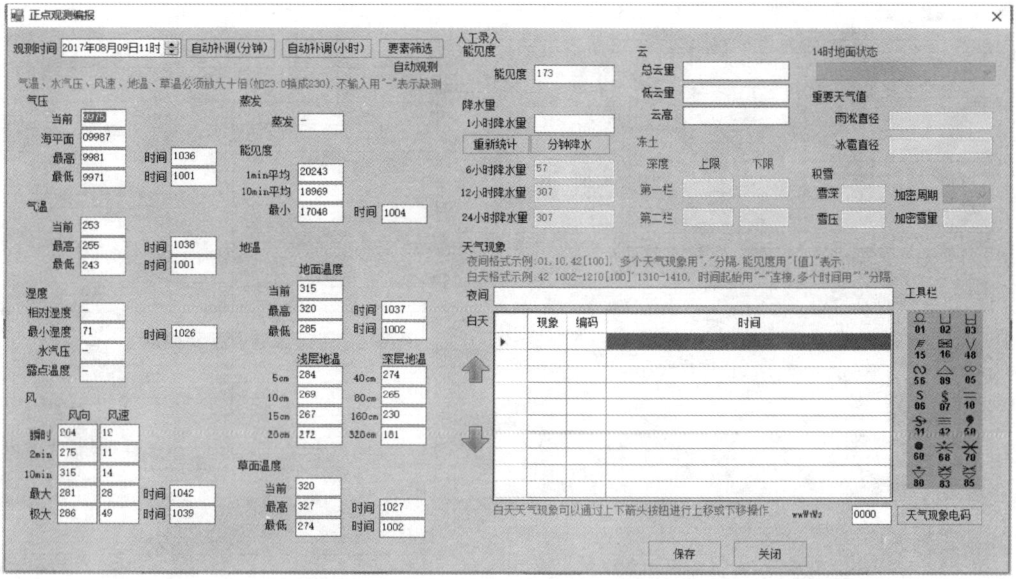

图 14-2　2017 年 8 月 9 日 11 时待处理定时数据

11 时定时数据处理要求：

1)按照实习十六规定要求，利用分钟数据或备用自动站数据、内插、人工观测数据等方法对缺测的数据进行处理，并重新计算水汽压、露点温度；

2)根据降水天气现象出现的时间，检查累计降水量对应的时段是否存在因空翻、滞后等情况造成的异常数据；

3)录入总云量、低云量、云高；

4)录入天气现象，截止时间为 11 点 00 分，并核对生成的天气现象电码。

练习三：处理 2017 年 8 月 9 日 14 时定时数据

调出 8 月 9 日 14 时定时数据，如图 14-3 所示。

14 时定时数据处理要求：

1)按照实习十六规定要求，利用分钟数据或备用自动站数据、内插、人工观测数据等方法对缺测的数据进行处理。注意自动能见度数据和人工录入能见度数据单位不同。注意风向风速缺测的处理方法与温度、湿度的处理方法不同；

2)根据降水天气现象出现的时间，检查累计降水量对应的时段是否存在因空翻、滞后等情况造成的异常数据；

3)录入总云量、低云量、云高；

4)录入天气现象，截止时间为 14 点 00 分，并核对生成的天气现象电码。

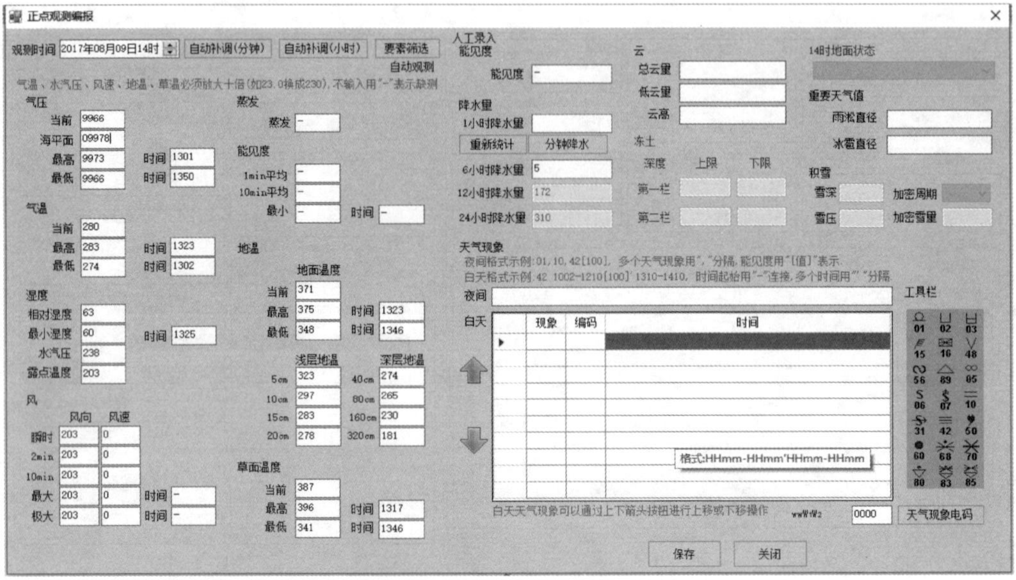

图 14-3　2017 年 8 月 9 日 14 时待处理定时数据

练习四：处理 2017 年 8 月 9 日 17 时定时数据

调出 8 月 9 日 17 时定时数据，如图 14-4 所示。

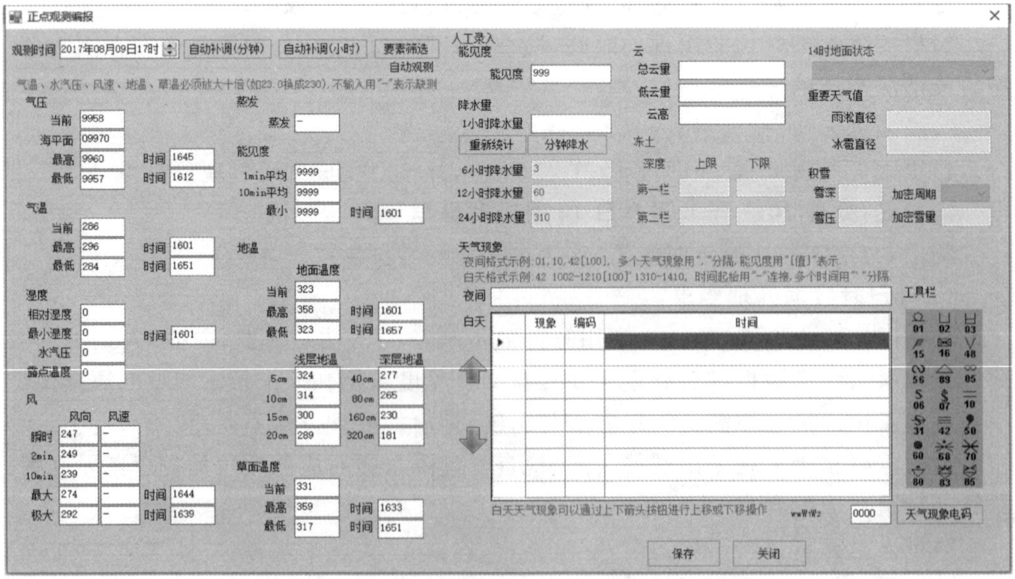

图 14-4　2017 年 8 月 9 日 17 时待处理定时数据

17 时定时数据处理要求：

1)按照实习十六规定要求，利用分钟数据或备用自动站数据、内插、人工观测数据等方法对缺测的数据进行处理；注意自动能见度数据和人工录入能见度数据单位不同；注意风向风速缺测的处理方法与温度、湿度的处理方法不同；

2)处理异常的相对湿度、能见度数据；

3)录入总云量、低云量、云高；

4)录入天气现象，截止时间为 17 点 00 分，并核对生成的天气现象电码。

练习五：处理 2017 年 8 月 9 日 20 时定时数据

调出 8 月 9 日 20 时定时数据，如图 14-5 所示。

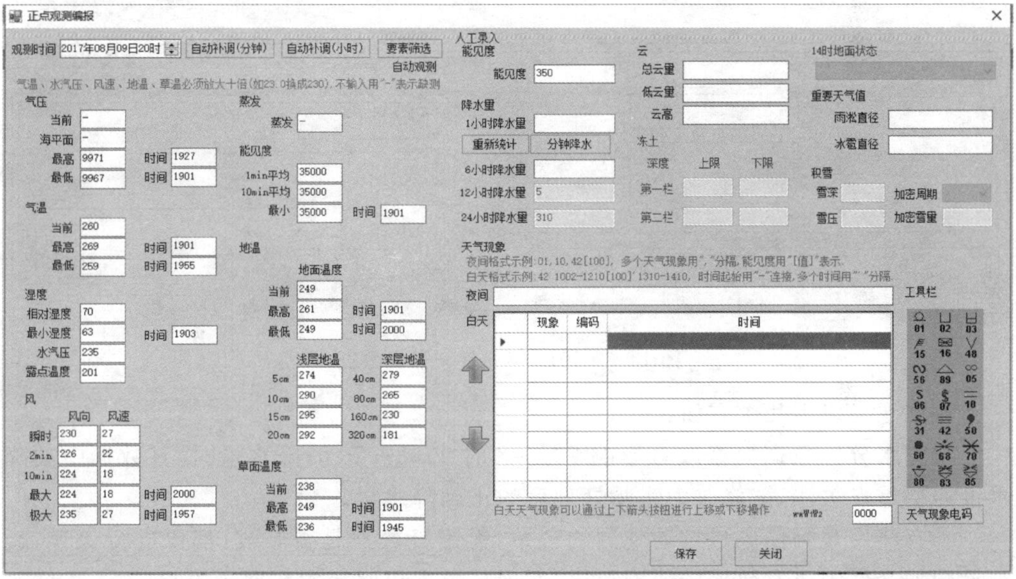

图 14-5　2017 年 8 月 9 日 20 时待处理定时数据

20 时定时数据处理要求：

1)按照实习十六规定要求，利用分钟数据或备用自动站数据、内插、人工观测数据等方法对缺测的数据进行处理；

2)录入总云量、低云量、云高；

3)根据降水天气现象出现的时间，检查累计降水量对应的时段是否存在因空翻、滞后等情况造成的异常数据；

4)录入天气现象，截止时间为 20 点 00 分，并核对生成的天气现象电码。

2. 日数据编报

点击“日数据编报”，或 20 时之后自动弹出日数据编报界面；自动弹出时，检查数据是否正确，确认数据无误后点击“保存”按钮，使蒸发数据或修改的其他数据入库。

对 2017 年 8 月 9 的日数据进行维护，形成该日日数据文件(如图 14-6)。日数据编报窗口可实现编发日数据文件；保存后会在 00 时按霾日算法自动生成日数据上传文件。

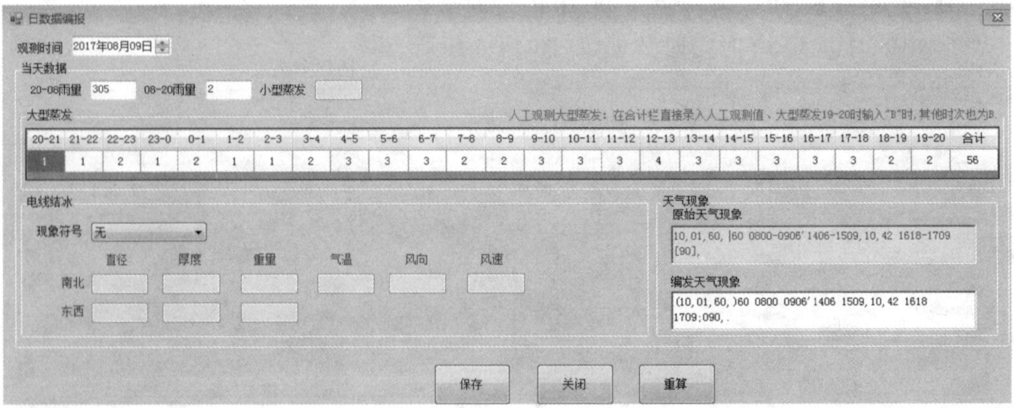

图 14-6　2017 年 8 月 9 日日数据

需要注意以下几个方面：

①降水分钟数据有修改且影响 20—08 时或 08—20 时降水量时，日数据中的降水量需要重点关注，需修改为实际处理后的正确降水量。

②有蒸发观测任务且自动观测的台站，无论日数据是否修改，都要进行保存，否则日数据文件中蒸发数据按缺测编报；发现日数据界面蒸发数据错误时，需人工修改正确。

③日数据界面的天气现象取自 20 时 Z 文件，发现原始天气现象有误时，需要首先更正 20 时 Z 文件，再进入日数据界面，点击“重算”按钮来更正“编发天气现象”。如果每个时次正点观测编报中的天气现象均正确时，此处无须修改。

④小型蒸发、电线积冰的内容是和台站参数中人工观测参数的设置内容有关(无、人工)，当“台站参数→人工观测参数”设置为“人工”时，可人工录入电线积冰、小型蒸发数据。

大型蒸发，结冰期间 19—20 时录入 B，其他时次也为 B；连续 2 个或以上时次缺测、用人工观测日蒸发量代替时，总量需录入在合计栏。

⑤霾日算法说明：

现在天气现象编码(CW 段 WW 组)，持续时长少于 6 个时次为 05(霾)时，将日数据文件天气现象中的霾删除。

持续 6 个(含)以上时次为 05(霾)、未跨日界时，分以下情况记录(跨日界同跨 08 时处理)：

例：全天有霾，则夜间、白天均记霾；

例：仅夜间有霾，未跨 08 时，则夜间记霾；

例：仅白天有霾，未跨 08 时，则白天记霾；

例：跨 08 时，大于 6 小时，持续时长大于 3 小时的均记霾(如 05—12 时有霾，则夜间、白天均记霾；如 06—12 时有霾，白天记霾)；

例：跨 08 时，恰为 6 小时，持续时长大于 3 小时的记霾(如 07　12 时有霾，白天记霾)；若夜间、白天恰各为 3 小时，夜间记霾(如 06—11 时有霾，夜间记霾)；

霾日算法如图 14-7 所示。

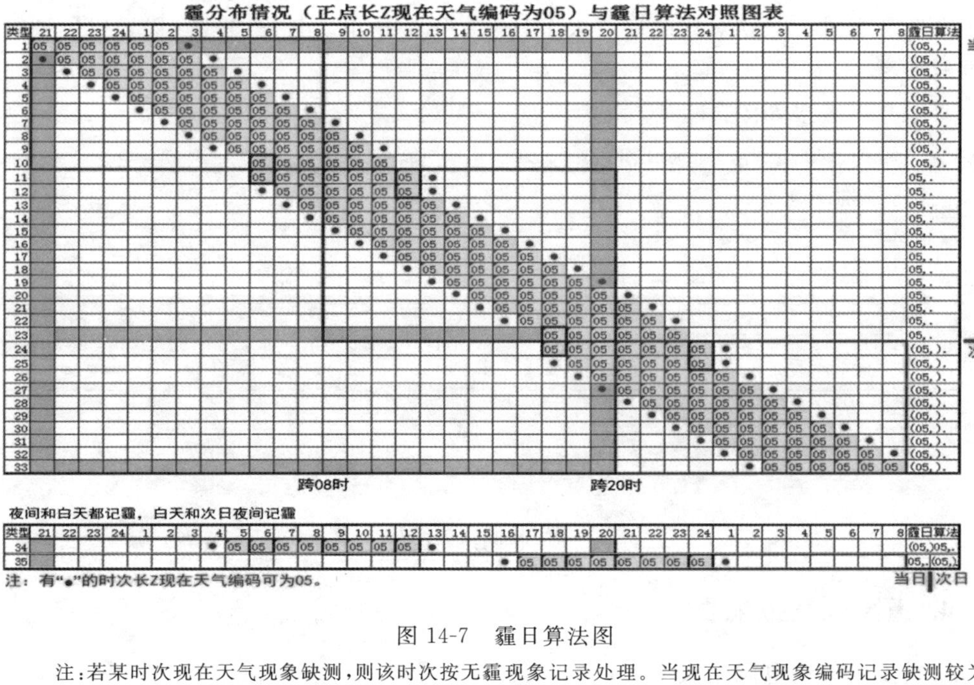

图 14-7　霾日算法图

注：若某时次现在天气现象缺测，则该时次按无霾现象记录处理。当现在天气现象编码记录缺测较为严重或数据错误较多，软件自动编发的日数据文件有误，日数据连续天气现象段霾的记录以人工处理为准，次日 08 时前人工编发更正日数据文件。

3. 日照数据编报

对 2017 年 8 月 9 日的日照数据进行维护,形成该日的日照数据文件。

8 月 9 日的日照实况资料如表 14-2 所示。

表 14-2 日照实况表

上午时次	5—6	6—7	7—8	8—9	9—10	10—11	11—12
上午日照	0.0	0.3	0.6	0.0	0.5	0.8	0.6
下午时次	12—13	13—14	14—15	15—16	16—17	17—18	18—19
下午日照	0.0	0.6	0.1	0.2	0.6	0.3	0.6

日照编报窗口可实现编发日照数据文件。软件 20 时前已经屏蔽编发当日日照数据和日数据文件功能。日照数据只能在日出至日落时间之内,在半角状态下输入,日照时数扩大 10 倍输入,输入数值应≥0 且≤10,或者输入“—”。

自动日照数据为参数中选定的直接辐射或日照传感器数据计算出来的,可以与人工日照数据进行互相对比验证。人工日照的下面给出了日出、日落时间,仅供校对数据时参考。

日照数据编报如图 14-8 所示。

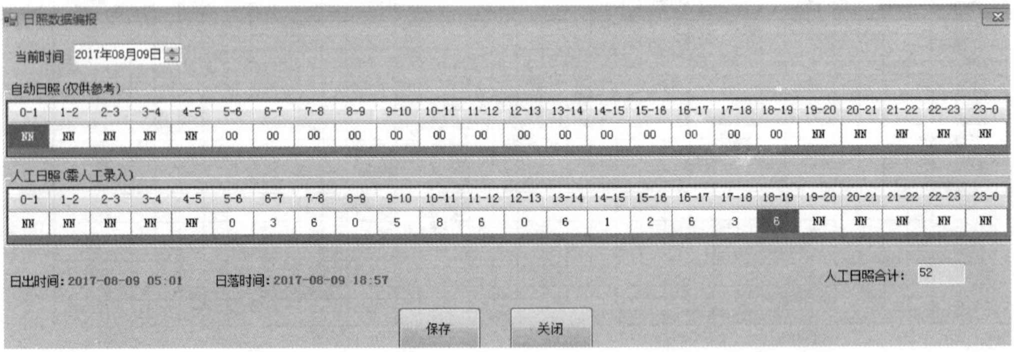

图 14-8 日照数据编报

4. 重要天气报编发

1)重要天气报电码格式

重要天气报以电码格式进行编发,格式为:

0 段　(WS)　$GGggW_0$　IIiii

1 段　$911f_xf_x$　915 dd　$919\ M_wD_a$　939nn　94917　95 VVV　957 ww

2 段　555//

其中，0 段为必报段。每份重要天气报告都必须编报本段。

1 段为统一资料段。当观测到上述现象达到发报标准时，应编报本段有关电码组，其他组省略不报。

2 段为补充资料段。段内各省（区、市）规定的重要天气项目的发报标准、发报方式和时次自行确定。

当 1 段或 2 段没有应编报的资料时，整段省略不报。各项电码说明见表 14-3。

表 14-3　重要天气报电码形式表

电码组	释义
(WS)	报类指示组，以英文字母加括号编报
GGggW_0	GGgg：为重要天气现象达到发报标准的时间（北京时），GG 为时数，gg 为分钟数。 W_0：发报要求指示码。 按本省（区、市）要求的发报标准编发的重要天气报告，W_0 报 1； 按国家气象中心要求的发报标准编发的重要天气报告，W_0 报 0； 同时符合本省（区、市）和国家气象中心要求的发报标准时，W_0 也报 0
IIiii	区站号
911f_xf_x	911—指示码，表示其后为极大瞬间风速资料。 f_xf_x—极大瞬间风速，以 m/s 为单位编报，小数四舍五入。
915 dd	915—指示码，表示其后为风向资料。 dd—风向，以十六方位编发
919 M_wD_a	919—指示码，表示其后为龙卷资料。 M_w—海龙卷、陆龙卷。 D_a—龙卷所在的方位
939nn	939—指示码，表示其后为冰雹资料。 nn—最大冰雹的最大直径，以 mm 为单位编报。冰雹直径≥99 mm 时，nn 报 99
94917	指示码，表示本站视区内出现雷暴
95 VVV	95—指示码，表示其后为本站视区内出现视程障碍现象（霾、浮尘、沙尘暴、雾）时的能见度资料。 VVV—视程障碍现象（霾、浮尘、沙尘暴、雾）的能见度。 以 10 m 为单位编报，不足 10 m 时，米数舍去，高位不足补“0”。 例如：能见度为 26 m，VVV 编码为 002；能见度为 8 m，VVV 编码为 000。 视程障碍自动判识时 VVV 为过去 10 分钟平均能见度的 10 分钟滑动平均值。 （必须与 957 ww 组同时编报）
957 ww	957—指示码，表示其后为本站视区内出现视程障碍现象（霾、浮尘、沙尘暴、雾）的编码资料。 ww—视程障碍现象（霾、浮尘、沙尘暴、雾）的编码。 （必须与 95 VVV 组同时编报）
555//	补充资料段指示组，其后的电码组按本省（区、市）气象局的规定编报

2）编发原则

①不定时编发，即观测到编发项目中所列现象达到发报标准时，就应在10分钟内编发出重要天气报告。

②当同时有两种或两种以上重要天气现象达到发报标准（包括前一种现象的报还没有发出，又有另一种或几种现象达到发报标准）时，合并编发一份重要天气报告，各有关电码组一一编发。此时，0段中的GGgg编报最后一种现象达到发报标准的时间。

③在08、14、20时整点前半小时（31—00分）内观测到冰雹现象达到发报标准时，其相关内容合并在正点长Z文件中，不另发重要天气报。

④夜间重要天气现象的编发原则

20:01—07:30，出现时间可以确定且在编发时效内的重要天气现象，尽量编发。不能确定具体时间的可不编发。

由前一日持续至本日20时后的视程障碍现象，以20:01为发报时间编发；由前一日持续至本日20时后的雷暴以第一声闻雷时间编发。

20:01—07:30之间出现但未编发重要报且持续到07:30之后的重要天气现象，如达到始发或续发标准，则龙卷、视程障碍现象以07:31为发报时间编发；雷暴以07:30以后第一声闻雷时间编发；冰雹现象合并在08时长Z文件中，不单独编发。

3）编发标准

编发标准如表14-4所示。

表14-4　重要天气报编发标准

重要天气发报项目	电码组	编发标准	编发说明
大风	$911f_xf_x$ 915 dd	（始发）极大瞬间风速≥17 m/s； （续发）极大瞬间风速≥24 m/s	国家标准始发17 m/s，续发24 m/s。各省自定
龙卷	$919\ M_wD_a$	（始发）测站或视区内出现龙卷； （续发）又有另一龙卷出现	只要出现龙卷就编发
冰雹	939nn	（始发）测站出现冰雹； （续发）同次过程中，冰雹直径增大10 mm或以上	始发标准0 mm 续发标准＋10 mm
雷暴	94917	测站视区出现雷暴	每日编发一次

续表

视程障碍现象		电码组	能见度标准	ww 编码	编发说明
霾		95 VVV 957 ww	VV<5.0 km	05	每日编发一次
浮尘			VV<1.0 km	06	
沙尘暴	沙尘暴		0.5 km≤VV<1.0 km	30	每日达到标准时编发;达更强级别时续发。 每日累计最多发 3 份
	强沙尘暴		0.05 km≤VV<0.5 km	31	
	特强沙尘暴		VV<0.05 km	32	
雾	雾		0.5 km≤VV<1.0 km	40	
	浓雾		0.05 km≤VV<0.5 km	41	
	强浓雾		VV<0.05 km	42	

注:该表能见度标准为人工观测能见度。

4)编发重要天气报应注意如下事项

①《地面气象观测业务改革调整技术规定》要求,取消观测尘卷风现象,取消降水、雨凇、积雪等重要天气报,保留大风、冰雹、雷暴、龙卷和视程障碍现象(雾、霾、浮尘、沙尘暴)重要天气报。

②ISOS 软件能获取雾、霾、浮尘、沙尘暴等天气现象的自动观测数据时,以 10 min滑动平均能见度为编发依据,自动编发视程障碍类重要天气报告;能获取大风天气现象的自动观测数据时,以分钟内最大瞬时风数据为编发依据,自动编发大风重要天气报告。

③雷暴、冰雹、龙卷现象出现时,均在重要天气报界面人工编发。冰雹随降随化或来不及测量时,可目测估计其直径编报。

④重要天气报符合规定时应合并编发。

⑤因重要天气报不允许发更正报,因此人工编发重要天气报时,需仔细认真,先选定重要天气出现时间,再选定国家标准或省定标准,然后勾选或录入需要编发的重要天气内容,点击“预览”查看报文,确认正确后点击“保存”,进行编发。

⑥软件具有重要天气报是否已编发的检查功能,已编发或已达编发上限,软件会弹窗提示,并不再编发。

⑦省定补充段的编发按各省业务规定执行。

⑧按以上规则按时间先后顺序逐份编发重要天气报。

5)重要报练习

雾首份重要天气报如图 14-9 所示。

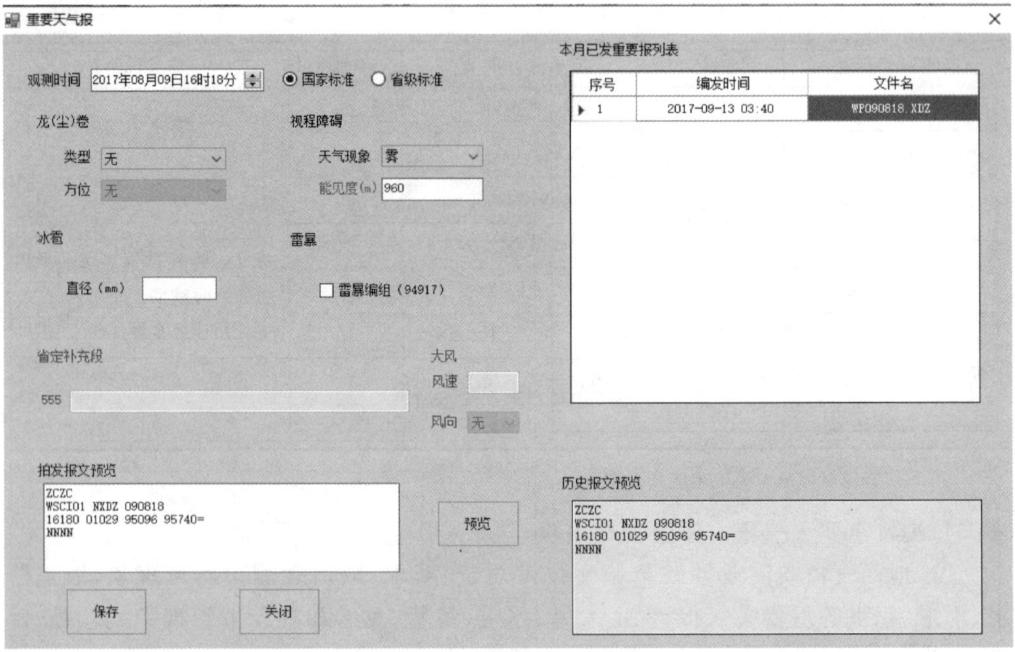

图 14-9　雾首份重要天气报图

雾重要天气报续报如图 14-10 所示，注意重要报中 VV 的电码值。

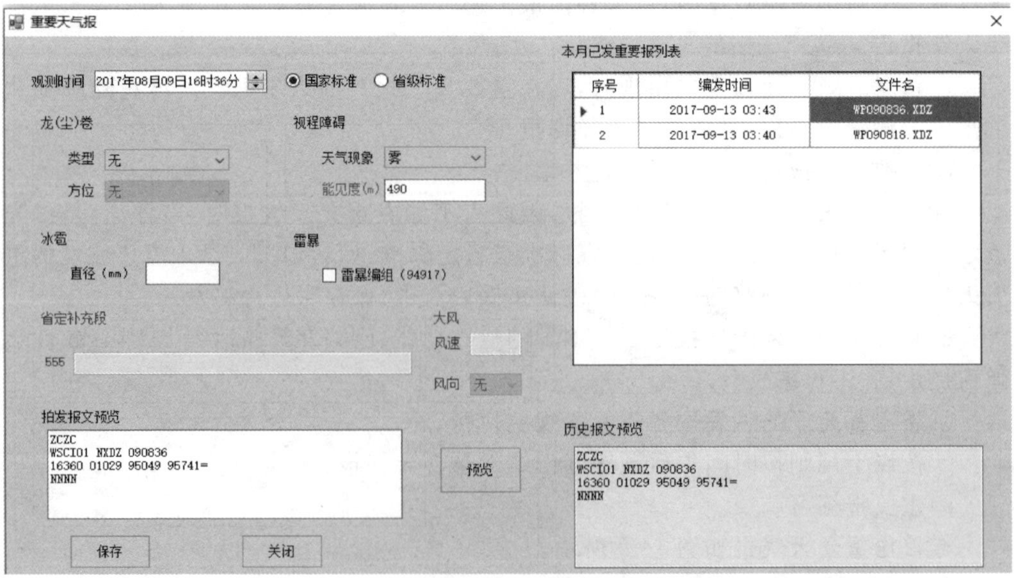

图 14-10　雾重要天气报续报

三、实习及练习

1)利用 8 月 9 日数据,练习 ISOS 软件 Z 文件的生成(正点观测编报)和上传。

2)完成 ISOS 软件日数据编报。

3)练习 ISOS 软件日照数据编报。

4)某站 2017 年 9 月 3 日值班日记记载,13 时 12 分本站闻雷,14 时 21 分本站出现冰雹,最大冰雹的直径为 3 毫米,请编发该站的重要天气报。

实习十五　ISOS 的报表制作

一、实习目的

掌握 ISOS 软件 A 文件封面、封底制作及月报表的生成方法。

二、实习内容

ISOS 软件由 AWZ. db 文件通过制作封面封底后可形成 A 文件，由 AWZ. db 文件和日分钟数据文件形成 J 文件。

1. A 文件封面封底制作

在“人工录入”菜单中选择“地面月报(A 文件)”，修改月份为 2017 年 8 月，点击“加载 A 文件”，在弹出的提示框上点击“是”按钮，在相应的标签页进行封面封底的录入。将表 15-1 中的内容录入到 01029 站 A 文件中，包括人员名称、天气气候概况、一般备注及台站沿革等信息。

表 15-1　2017 年 8 月份封面封底资料表

项目	内容
台(站)长	**
输入	***
校对	**
预审	***
打印/传输	***
传输日期	2017. 9. 6

续表

项目		内容
天气气候概况	主要天气气候特征	本月月平均气温为26.3 ℃，较历年该月平均气温26.0 ℃偏高0.3 ℃，本月最高气温为34.3 ℃，出现在12日，最低气温为15.0 ℃，出现在26日；本月降水193.4 mm，比历年该月降水量169.6 mm偏多23.8 mm。
	主要天气过程	本月降水过程有6次，出现在1—2、6—7、12—13、15、18—19和23—25日。
	本月天气气候综合评价	本月气温偏高，降水偏多。
一般备注及台站沿革		23日台站最大冰雹直径9 mm。
		11日新增障碍物"气候楼"。 SW方最近距离164.6 m，高度30.3 m，宽度角12.7°，仰角6.2°； WSW方最近距离211.3 m，高度30.4 m，宽度角15.0°，仰角5.5°。
		15日新增"平房"。 SW方最近距离269.6 m，高度22.3 m，宽度角16.9°。
		15日09时33－52分更换湿度传感器过滤罩，期间的相对湿度分钟数据按缺测处理，10时最小相对湿度从实有正常记录中挑取。
		19日12时16分有0.1 mm滞后降水量，移到有降水的最后一分钟10时50分。

1)封面封底的录入操作注意事项

①在A文件中，"纪要""气候概况""备注"等内容的各条记录主要由项目标识符和文字描述组成。进行维护保存后，程序将自动生成各项目标识符。在文字描述中，要求简明扼要。

②如果台站参数中设置了地理环境，相关制作信息中的地理环境就会自动提取，否则需要人工录入。

③地理环境、台(站)长、输入、校对、预审、打印/传输以及天气气候概况中的主要天气气候特征、本月天气气候综合评价为每个月的必录项目，应首先录入，否则可能会影响一般备注及台站沿革的录入。其他项目，按本月实际情况录入。

2)纪要页主要记载内容

①重要天气现象及其影响：某些强度很大或很罕见的天气现象出现时，应予录入。其文字描述内容包括：天气现象名称、出现地点、持续时间、强度变化、方向路径、受灾范围、损害程度。

②台站附近江、河、湖、海状况：记载其泛滥、封冻、解冻等情况。

③台站附近道路状况：记载台站附近铁路、公路及主要道路因雨凇、沙阻、雪阻或泥泞、翻浆、水淹等影响中断交通的情况。

④台站附近高山积雪状况：记载积雪的山名、方向、起止日期(本月内)。

⑤冰雹记载：冰雹最大直径值和最大平均重量值。

⑥罕见特殊现象:记载本站视区内出现的罕见特殊现象,如海市蜃楼、峨眉宝光等。

⑦人工影响局部天气情况:记载当本地范围内进行人工影响局部天气(包括人工降雨、防霜、防雹、消雾等)作业时,其作业时间、地点。

⑧其他事项记载:地面气象观测规范各章规定应记载的内容。

输入时,单击"选择"框中对应项,即添加到"记载内容",然后输入日期和备注事项说明,同一内容可多次选择。各项内容输入时按日期先后顺序输入,删除某条记录则选中该行,按"Delete"键即可。当没有纪要内容记载时,该页内容不必输入。

日期用半角字符,输入格式为 DD 或 DD-DD,即现象只出现一天时,只输入一个日期,最多为两位;某记载项月内连续多次出现,日期可记为起、止日期,中间用"-"分隔。日期必须是本月合法日期,否则会给出"格式错误,时间格式(DD)或(DD-DD)"的警告。

文字描述要求简明扼要,一行内显示不下时,文本框自动转为多行,可通过光标移动键很方便地移动到所要输入的位置或查看全部内容。

3)气候概况页记载内容

主要记载本月主要天气气候特点;主要天气过程;灾害性、关键性天气及其影响;持续时间长的不利天气影响;天气气候综合评价等内容。其中主要天气气候特点和天气气候综合评价为必输项目,其他项目如未出现,可不输入。

①主要天气气候特点

包括气温特征及与常年平均值、极端值比较;降水特征与常年平均值、极端值比较;主要天气气候特点及程度描述。

②主要天气过程

包括天气过程性质及次数,如降水次数、冷空气活动、台风出现时间及其影响情况等。

③灾害性、关键性天气及其影响

包括灾害性、关键性天气名称、出现时间、地点、影响范围、程度。

④持续时间长的不利天气影响

指长期干旱、少雨、连阴雨等不利天气对工农业生产及其他方面产生的影响,应综合前一月或几个月情况进行分析。

⑤本月天气气候综合评价

指本月天气气候情况综合性评述。

4)一般备注及台站沿革

主要记载"一般备注事项"和"台站沿革"。

气象观测中一般备注事项记载由多条记录组成,每条记录由事项时间(DD 或 DD-DD)和事项说明组成。当记载上一条记录时,会自动加载下一条记录行。

一般备注事项包括对某次或某时段观测记录质量有直接影响的原因、仪器性能不良或故障对观测记录的影响、仪器更换(非换型号)、台站环境临时变化对观测记录的影响以及技术规范规定应备注的其他事项。

涉及台站沿革变动的事项主要包括台站沿革(含台站名称、区站号、台站级别、所属机构四项内容)、台站位置变动、周围障碍物变动、观测项目增减、观测仪器变动、观测时制和其他等项内容。该页各项内容的输入说明详见《地面气象观测数据文件和记录簿表格式》。

台站位置变动选中“位置改变”复选框的表示台站位置发生变动,未选中表示台站位置无变动,仅台站位置信息有变化;障碍物变动、观测仪器变动按 A 文件格式输入。

8 月 A 文件封面如图 15-1 所示。

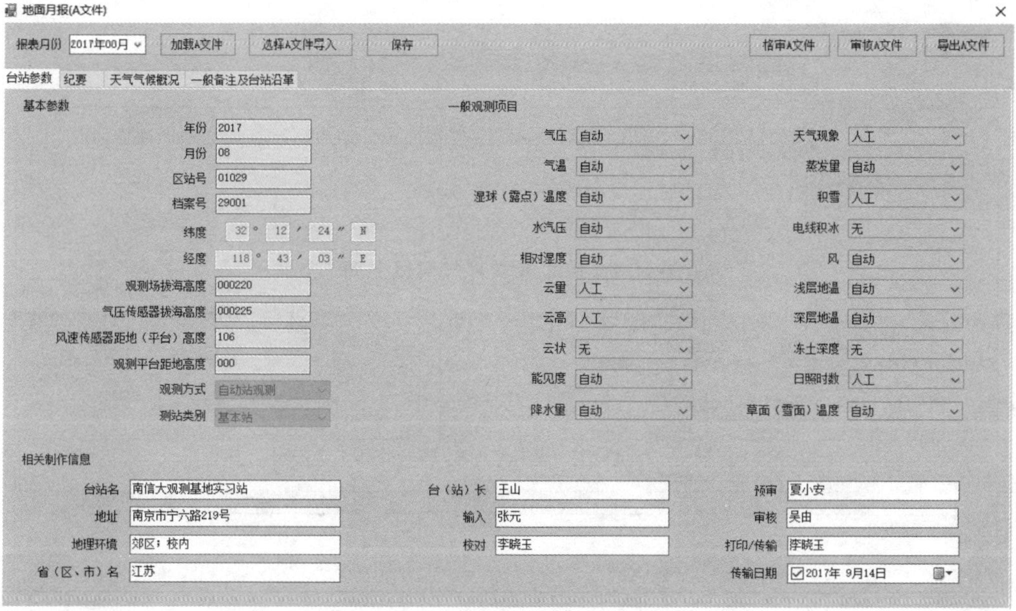

图 15-1　8 月 A 文件封面图

8 月 A 文件纪要如图 15-2 所示。

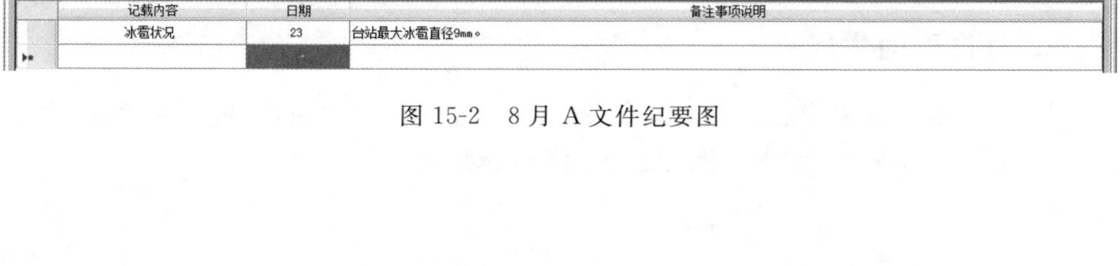

图 15-2　8 月 A 文件纪要图

8 月 A 文件气候概况如图 15-3 所示。

8 月 A 文件备注及障碍物录入情况如图 15-4 所示。

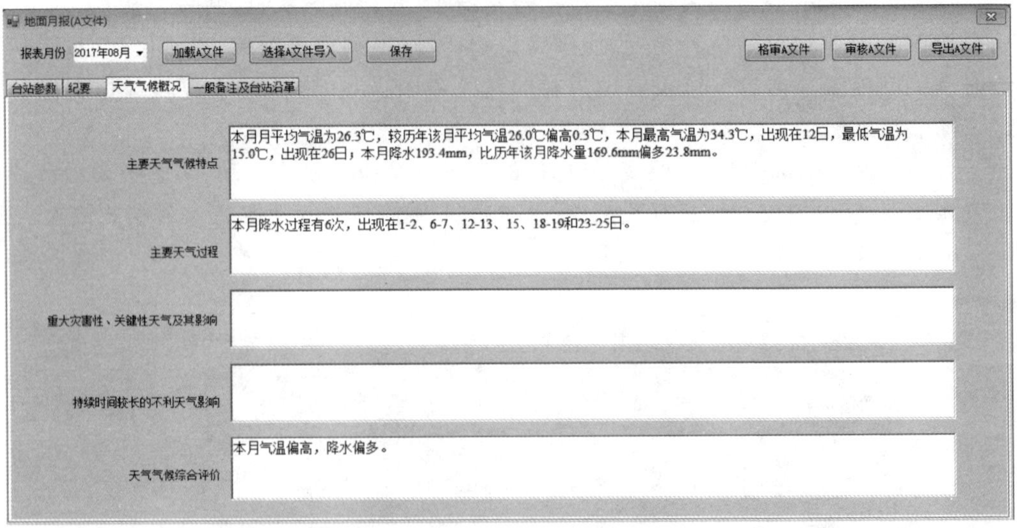

图 15-3　8 月 A 文件气候概况图

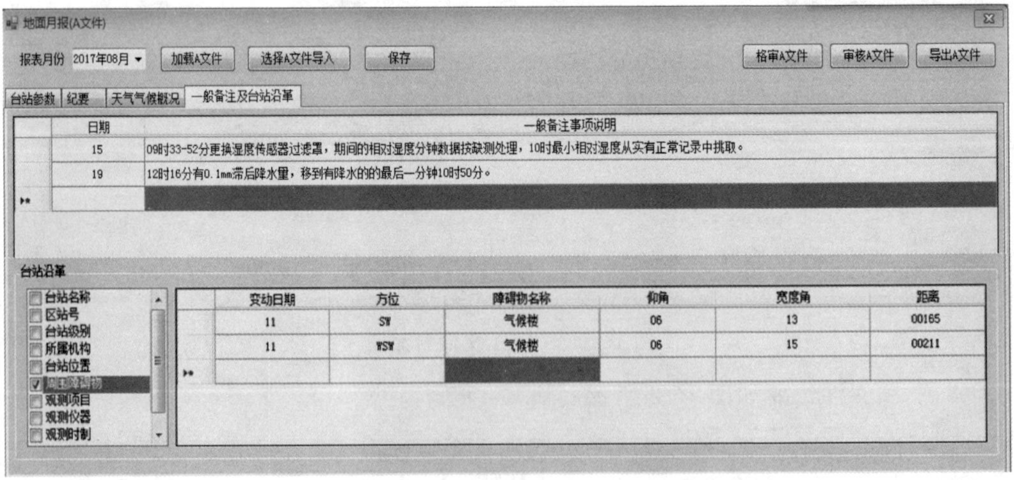

图 15-4　8 月 A 文件备注及障碍物录入图

2. 月报表的生成

封面、封底录入完毕后，点击“保存”按钮，点击“确定”按钮，形成该站 2017 年 8 月的 A 文件。出现该月气压、温湿度、云、降水等要素(图 15-5)。

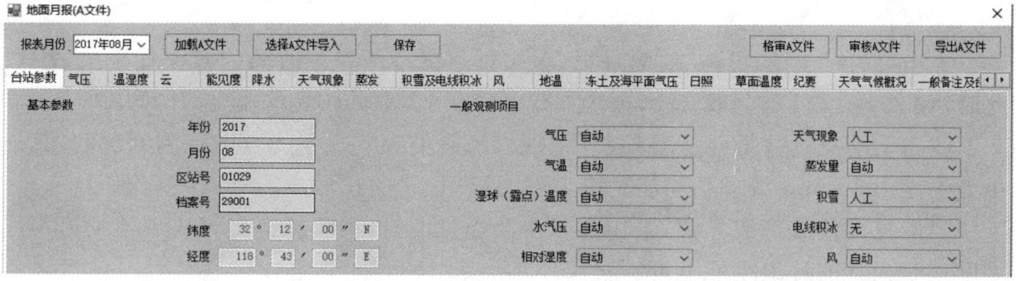

图 15-5　2017 年 8 月月报表

如果该月已生成过 A 文件，点击“加载 A 文件”可以进行 A 文件加载，如果点“是”，系统将会重新获取数据再次生成 A 文件，并覆盖原 A 文件；如果点击“否”，系统会直接加载已经存在的 A 文件。

1)台站参数页

包括基本参数、一般观测项目、报表封面信息等内容。在基本参数中，包含年份、月份、区站号、观测方式、台站类别和人工定时观测次数等项内容。

观测项目中，气压、气温、露点温度、水汽压、相对湿度、风、浅层地温、深层地温和草面温度等项目下拉列表框中的值为“自动”和“无”；其余项目下拉菜单有三种选择：即“无”、“人工”和“自动”。有自动降水设备时需要特别注意，需要更改为自动，才会有小时降水量。

2)“气压、温湿度、云、能见度、降水、天气现象、蒸发、积雪及电线积冰、风、地温、冻土及海平面气压、日照、草面温度”等为当月各项要素具体数据。

3)以基本站五次定时观测方式为例进行说明：

①加载 A 文件：左上角时间框默认为上一次加载的报表月份或计算机系统时间所在月份。根据需要修改年、月，对选定月数据进行维护，将修改内容保存到 A 文件。除日照时数外，时间均以北京时(气象日界)为准，例如 2017 年 9 月 6 日，其时间段为 2017 年 9 月 5 日 21 时至 2017 年 9 月 6 日 20 时。

②数据的输入或修改：各标签页内容以表格形式给出，可用以下四种方式选择：

键盘的上下左右光标键(↑、↓、←、→)来移动；

键入回车键(Enter)当前输入框向右移动；

制表键(Tab)移动光标；

用鼠标左键点击相关单元格进行选择。

光标所在的单元格或输入框即为可以进行输入或修改的项目。

③封面和封底

根据实际填写。

④保存

点击“保存”按钮，可将“地面月报（A 文件）”窗口所有修改的内容保存至 A 文件。此时 AWZ. db 文件不会被修改，再次加载 A 文件，调取的仍是修改之前的数据。

⑤自动能见度数据注意事项：其中视程障碍类天气现象为自动观测判识的，其最小能见度为 10 min 滑动平均能见度，与能见度记录的日最小能见度一般不同。

当能见度仪故障或异常，采用人工观测能见度时，视程障碍类天气现象的最小能见度就是当日的日最小能见度。

⑥降水处理

台站参数，人工观测参数中的定时降水量应设置为“无”，如果设置为“人工”，加载 A 文件时，一般观测项目中的降水量会默认为“人工”，需手动改为“自动”后再保存，否则不形成逐时次的自动降水数据。

20—08、08—20 降水量与右侧自记降水相应时次累计量应相等，如果修改，应对两侧数据进行修改保存；为保持省 MDOS 平台中的数据与台站一致，一般不在“地面月报（A 文件）”中修改数据。

处理因降水滞后、翻斗空翻等原因产生的错误降水数据时，应在正点观测编报界面处理分钟降水量，点击“重新统计”按钮，异常时次和受影响的所有时次，都要按时间顺序编发更正报，日数据中的降水量受影响时，也要编发日数据更正报。

形成 A 文件后，注意检查“下月 1 日 20—08 时降水量”是否正确。

⑦天气现象处理

每日的天气现象来自于日数据编发的天气现象，日数据编发的天气现象又是当日 20 时编发的天气现象经过霾日算法按 A 文件格式进行整理的，如果某日的天气现象出现错误，应先质控该日 20 时的天气现象，再编发日数据更正报，然后重新生成 A 文件。

⑧日照数据处理

日照因后显影等原因需要修改数据时，也不应在“地面月报（A 文件）”中修改数据，应编发日照数据更正报后重新生成 A 文件。

4）生成 A 文件的一些技巧

输入必输入项之后再录入封底其他内容，否则提示错误；如果定时降水没有选无，报表的降水需要改为自动；云高需要改为无（报表应为实测云高）；完整输入一次 A 文件必录项，之后再加载下月 A 文件时，选择否，解决每次都输入封面问题；如果云高没有改为无，形成报表后用 OSSMO 软件打开将自动更改为错误的格式，ISOS 再次加载时，只会在 08 时出现云高；人工能见度，形成 A 文件后显示错误（以米为单位），需要将该月参数改为自动，才可以显示正确的能见度。

例：8 月 A 文件中天气现象、日照如图 15-6、图 15-7 所示，方框内的数据为已经过人工处理后的数据（处理方法见实习十四）。

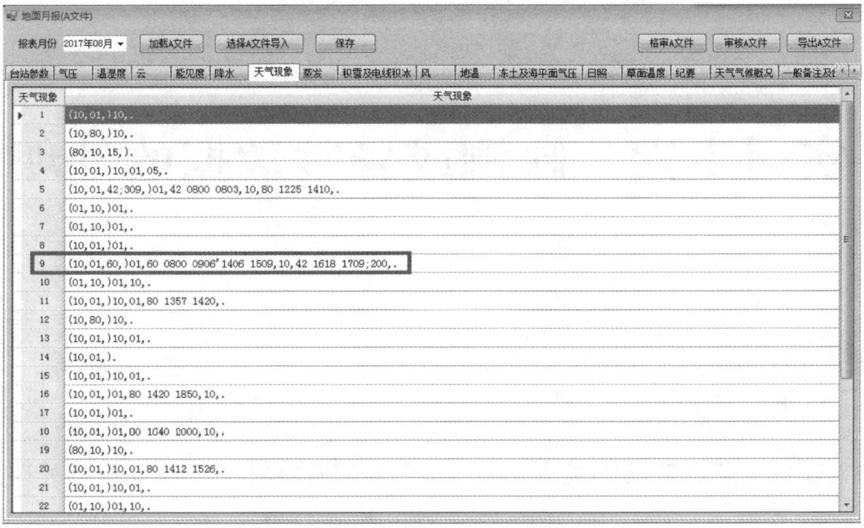

天气现象	天气现象
1	(10,01,)10,.
2	(10,80,)10,.
3	(80,10,15,).
4	(10,01,)10,01,05,.
5	(10,01,42;309,)01,42 0800 0803,10,80 1225 1410,.
6	(01,10,)01,.
7	(01,10,)01,.
8	(10,01,)01,.
9	(10,01,60,)01,60 0800 0906'1406 1509,10,42 1618 1709;200,.
10	(01,10,)01,10,.
11	(10,01,)10,01,80 1357 1420,.
12	(10,80,)10,.
13	(10,01,)10,01,.
14	(10,01,).
15	(10,01,)10,01,.
16	(10,01,)01,80 1420 1850,10,.
17	(10,01,)01,.
10	(10,01,)01,00 1040 2000,10,.
19	(80,10,)10,.
20	(10,01,)10,01,80 1412 1526,.
21	(10,01,)10,01,.
22	(01,10,)01,10,.

图 15-6　8 月 A 文件天气现象图

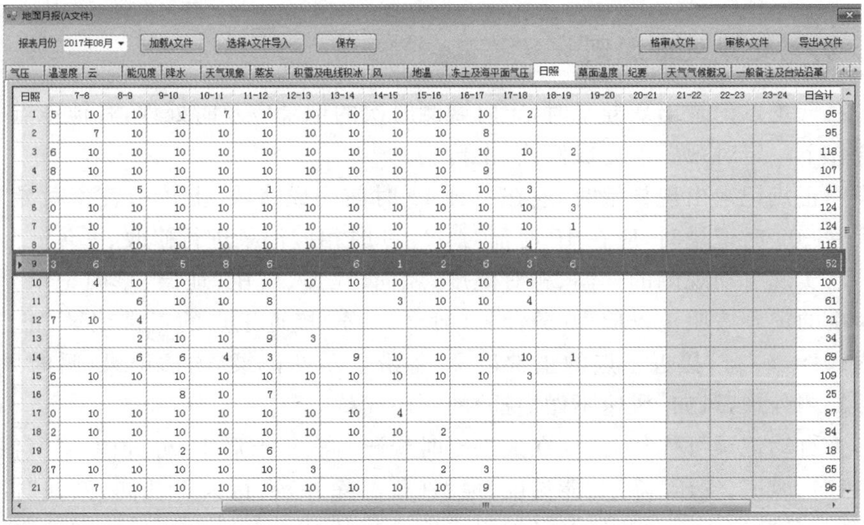

日照		7-8	8-9	9-10	10-11	11-12	12-13	13-14	14-15	15-16	16-17	17-18	18-19	19-20	20-21	21-22	22-23	23-24	日合计
1	5	10	10	1	7	10	10	10	10	10	10	2							95
2		7	10	10	10	10	10	10	10	10	8								95
3	6	10	10	10	10	10	10	10	10	10	10	10	2						118
4	8	10	10	10	10	10	10	10	10	10	9								107
5			5	10	10	1				2	10	3							41
6	0	10	10	10	10	10	10	10	10	10	10	10	3						124
7	0	10	10	10	10	10	10	10	10	10	10	10	1						124
8	0	10	10	10	10	10	10	10	10	10	10	4							116
9	3	6		5	8	6		6	1	2	6	3	6						52
10		4	10	10	10	10	10	10	10	10	10	6							100
11			6	10	10	8			3	10	10	4							61
12	7	10	4																21
13			2	10	10	9	3												34
14			6	6	4	3		9	10	10	10	10	1						69
15	6	10	10	10	10	10	10	10	10	10	10	3							109
16				8	10	7													25
17	0	10	10	10	10	10	10	10	4										87
18	2	10	10	10	10	10	10	10	10	2									84
19				2	10	6													18
20	7	10	10	10	10	10	3			2	3								65
21		7	10	10	10	10	10	10	10	10	9								96

图 15-7　8 月 A 文件日照图

三、实习及练习

1)ISOS 软件 A 文件封面、封底制作。

2)进行数据审核,生成月报表数据文件。

实习十六　缺测或异常数据的处理

一、实习目的

针对不同气象要素，掌握定时、正点、分钟观测资料缺测、异常记录的处理方法。

二、实习内容

1. 异常记录处理原则

1)白天正点记录出现异常时，定时观测时次的记录应及时处理，其他正点时次的记录应在下一定时观测前完成修改、上传。

夜间正点记录出现异常时，应在当日10时前完成修改、上传。若夜间异常数据影响到08、09时记录时，应在10时前对08、09时相应记录进行修改、上传。

2)已实现自动观测的气温、相对湿度、风向、风速、气压、地温、草温记录异常时，正点时次的记录按照正点前10分钟内(51－00分)接近正点的正常记录、正点后10分钟内(01－10分)接近正点的正常记录、备份自动站记录、内插记录(瞬时风向、瞬时风速缺测处理，风向、风速不做内插)的顺序代替。

3)无自动记录可代替时，仅在人工定时观测时次正点后10分钟内，对气温、相对湿度、风向、风速、气压、降水、能见度、地温(草温除外)进行人工补测，其他时次按缺测处理；若某要素人工观测仪器已按规定撤除或超过正点后10分钟，则该要素不再进行人工补测。

4)连续两个或以上正点数据缺测时，不能内插，仍按缺测处理。内插可以跨日界。

5)分钟数据异常时做缺测处理，不做代替或内插。因分钟数据异常造成加密数据文件错误时，加密数据文件一律不做订正处理。

6)自动气象站每小时正点数据与该正点时的分钟数据不一致时，一般情况下，维持原记录。若对前后记录分析，确认正点数据有误可用该正点的分钟数据代替，或确认正点的分钟数据有误可用正点值代替。

7)4 次平均值和 24 次平均值可以互相代替。

8)自动站或自记雨量观测的降水量、自记日照时值有缺测，自动站观测的蒸发量、辐射曝辐量和日照时数的时值缺测连续两小时或以上时，日总量按缺测处理。

9)雪深、云高、能见度、天气现象等自动观测设备出现故障时，恢复人工观测；观测结果明显错误时，结合天气实况人工判定。

10)异常记录的处理情况，均应在备注栏注明。

2. 具体要素的异常处理

1)气温和湿度

①经处理过的正点气温值要与该时次的相对湿度值(也可以是处理后的值)共同反查求得水汽压和露点温度；经处理过的正点相对湿度值要与该时次的气温值(也可以是处理后的值)共同反查求得水汽压和露点温度。

②自动站相对湿度缺测或异常，需要人工补测时：

若自动站观测的气温＜－10.0 ℃，则用毛发湿度表进行补测，水汽压、露点温度用自动站气温和经过订正后的毛发湿度表读数反查求得；

若自动站观测的气温≥－10.0 ℃，需同时观测干球和湿球温度，用以计算水汽压、相对湿度及露点温度。此时不用考虑干球温度是否＜－10.0 ℃。

2)气压

自动气象站本站气压缺测，用人工补测时，若水银气压表和气压传感器高度不一致，应将人工观测的本站气压订正到自动站气压传感器的高度上来，再以此计算海平面气压。

3)降水

①自动观测降水量记录异常时的代替原则

非结冰期，降水量观测以翻斗式雨量传感器记录为准时，记录按照称重式降水传感器、备份站翻斗式雨量传感器顺序代替。无自动观测备份设备时应及时启用人工补测。

结冰期，用人工观测记录代替。

②降水量记录异常处理

若无降水现象，因其他原因(昆虫、风、沙尘、树叶、人工调试等)或自动站故障而多记录时，应删除该时段内的全部分钟和小时降水量。该情况在值班日记中说明。

降水现象停止后，仍有降水量，若能判断为滞后(量一般为 0.1、0.2、0.3 mm，且滞后时间不超过 2 小时)，可将该量累加到降水停止的那分钟和小时时段内，否则将该量删除。夜间(20—08时)能够判断为滞后降水的，按前述处理；无法判断的，按正常处理。

称重式降水传感器承水口内沿堆有积雪或雨凇时，应及时清理到收集容器内。由此产生的异常数据，若能判断降水结束时间的，加入到降水结束的时次，该时次降水时段内的分钟数据按缺测处理；不能判断降水结束时间的，加入到有降水量的最后一个时次，该时次内分钟数据按缺测处理。

称重式降水传感器在降水过程中，伴随有沙尘、树叶等杂物时，按正常降水记录处理；液态降水溢出或固态降水堆至口沿以上，或降水过程中取水，该时段降水按缺测处理。

当降水量观测以翻斗式雨量传感器记录为准，出现漏斗堵塞、随降随化的固态降水等情况时，如果没有自动观测记录可代替，但有人工记录，若翻斗雨量记录的过程总量与人工雨量筒观测量的差值百分率与其他正常时次相当，则按正常处理；若自动站记录的降水量明显偏小或滞后严重，该时段的分钟和小时降水量按缺测处理，定时降水量用人工观测记录代替。

上述情况应在发现后及时处理，如果影响了后续时次的雨量统计，也要对受影响的时次进行处理。

4)风

2分钟与10分钟平均风有缺测时，不能相互代替。

5)蒸发

①降水期间、蒸发桶溢流或维护时，小时蒸发量异常按0.0处理。

②设备故障时，若备份站记录正常，小时蒸发量用备份站记录代替。无备份站时，若只缺测一小时，该时次内插处理；若连续缺测2小时及以上，相应时次作缺测处理。

③设备故障短期无法修复的，应及时恢复人工观测，蒸发降水量用自动(人工)降水记录代替。

④自动蒸发日合计缺测用人工观测的日蒸发量代替时，把日蒸发量记录在ISOS软件日数据编报页面的大型蒸发合计栏；而在OSSMO软件中，应把日蒸发量记录在19—20时，其他时次为空。

6)能见度

①能见度自动观测的观测站，当视程障碍类天气现象自动判别出现明显错误时，仅对定时时次的现在和过去天气现象记录进行人工订正。能见度记录仍以自动观测为准，允许自动能见度记录与该类天气现象不匹配。

②当能见度设备故障或数据异常，非定时观测时次的正点数据中所有能见度数据均按缺测处理；定时观测时次进行人工补测，人工观测值存入Z文件CW段能见

度和 VV 段 10 分钟平均能见度，其他 VV 段自动能见度数据按缺测处理；A 文件中使用人工观测值。

③能见度自动观测且视程障碍现象自动判别时，能见度和天气现象可以不匹配。

7)云

云量与自动观测云高记录矛盾时，仅对定时观测时次记录进行处理，有云量无云高时，维持原记录；无云量有云高时，删除云高记录。

8)雪深

雪深自动观测或判别出现故障时，守班期间按人工观测方式观测。

雪深自动观测记录与积雪现象不匹配时，仅对定时观测时次记录进行处理，有积雪无雪深时，维持原记录；无积雪有雪深时，删除雪深记录，同时清理采样区残留积雪。

9)辐射

①若在日出第 2 个小时至日落前 2 个小时之间(当为阴天或地面有积雪反射辐射很强时除外)净辐射值出现负值，或日落后至日出前净辐射出现正值，当时曝辐量的绝对值>0.10 时，可将该时的值作缺测处理，再用内插法求得该时值；若在日落之后和日出之前有总辐射、直接辐射、散辐辐射、反射辐射，则将其作置空处理。

②若记录之间有矛盾，但不是很突出或不能判断是何要素有明显错误，则维持原记录；若能判断某要素有明显错误时，则先将该要素的记录值按缺测处理，再按记录缺测时的处理规定对该记录进行处理。当出现水平面直接辐射等于或大于垂直于太阳面的直接辐射时，维护原记录。若水平面直接辐射较大，应检查直接辐射表跟踪是否正常。

③辐射记录的时曝辐量缺测时，若无正点辐照度值，可用内插法求得，此时对于跨日出、日落的时次(包括前后两时次)，应按梯形法进行内插。

3. 时极值的异常处理

某时次的气温、相对湿度、风速、气压、地温、草温(雪温)因分钟数据异常而影响时极值挑取时，时极值应从本时次正常分钟实有记录和经处理过的正点值中挑取。

1)若极值从本时次正常分钟实有记录中挑得，则极值和出现时间正常记录。

2)若极值为经处理过的正点值，且该正点值为正点后 10 分钟内的代替数据、备份站正点记录、前后时次内插值或人工补测记录值，则极值出现时间记为正点 00 分。

3)不能从以上记录中挑取时，时极值按缺测处理。

4. 分钟异常数据处理

分钟资料是指 J 文件中的气温、相对湿度、本站气压、降水量、风向风速六个要素。分钟异常数据维护的常见处理方法为：

1)某分钟数据缺测不能用前后分钟数据内插计算代替，数据异常时段的数据记录按照缺测处理。

2)第60分钟数据异常代替：若正点观测00分钟的数据是经过内插、人工补测等代替后的值，不得代替J文件中的第60分钟的数据。

3)分钟数据发生跳变，跳变前和跳变后的分钟数据均正常，跳变期间的异常数据按缺测处理。

4)注意系统偏差。比如风向或者风速一直不变；或者风向风速出现突变；温、湿、压长时间不变；雨量分钟数据缺测是否冬季停用等，如果发现是由于仪器故障造成的就要按照缺测处理。

5)仪器故障、维护或者检定期间的分钟数据按缺测处理，而无降水现象期间的雨量按照无降水处理。

参考文献

黄思源,刘钧,2014.新型自动气象站观测业务技术[M].北京:气象出版社.

黄思源,张志龙,2015.地面气象观测综合技术问答[M].北京:气象出版社:109-116.

王振会,黄兴友,马舒庆,2016.大气探测学[M].北京:气象出版社.

中国气象局,2003.地面气象观测规范[M].北京:气象出版社.

中国气象局,2004.中国云图[M].北京:气象出版社.

中国气象局,2005.地面气象观测数据文件和记录簿表格式[M].北京:气象出版社:1-3.

中国气象局监测网络司,1999.地面气象电码手册[M].北京:气象出版社.

中国气象局气象探测中心,2016.地面气象观测业务技术规定实用手册[M].北京:气象出版社.

中国气象局气象探测中心,2017.地面综合观测业务软件常见问题解答手册(关联版本 ISOS Ver 2.0.0.0))[M].北京:气象出版社.

中国气象局气象探测中心,中国气象局气象干部培训学院,2017.地面综合观测业务软件用户操作手册(关联版本:ISOS Ver2.0.0.0)[M].北京:气象出版社.

附　　录

附录A　云状电码

A.1　C_L—低云状，按表A-1编报

表A-1　C_L电码表

电码	技术性说明	非技术性说明
0	没有C_L云	没有层积云、层云、积云、积雨云
1	淡积云或碎积云，或者两者同时存在	垂直发展很小，形状扁平的积云，或碎积云，或两者同时存在
2	浓积云，可伴有淡积云、碎积云或层积云，云底在同一高度上	垂直发展很可观的积云，一般都呈塔状，在此云底的同一高度上可伴有别种积云或层积云
3	秃积雨云，可伴有积云或层积云或层云	积雨云，顶部轮廓模糊，但显然不是卷云状的，也不是砧状的；可伴有积云或层积云或层云
4	积云性层积云	层积云，由积云扩展而成，时常伴有积云
5	层积云，不是积云性的	层积云、不是由积云扩展而成
6	层云和(或)碎层云，但不是恶劣天气的碎雨云	层云或碎层云，或层云和碎层云两者同时存在，但不是恶劣天气下的碎雨云
7	恶劣天气下的碎雨云，通常在高层云或雨层云之下	恶劣天气下的碎雨云，通常位于高层云或雨层云之下(恶劣天气指降水时或降水前后一小段时间内的天气状况)
8	积云和不是积云性的层积云同时存在，此两种云的底部高度不同	积云和不是由积云扩展而成的层积云同时存在，两种云底部不在同一高度上
9	鬃积雨云，常带砧状，可伴有积云、层积云、层云或恶劣天气下的碎云	具有清晰的纤维状的(即卷云状的)顶部的积雨云，云顶常带有砧状，可伴有积云、层积云、层云或恶劣天气下的碎云
×	由于黑暗、雾、沙尘暴或其他类似现象以致看不到属于C_L的各属云	

(1)天空 C_L 云中以淡积云为主,但其中有一部分已发展成浓积云,C_L 应编报电码 2。

(2)天空 C_L 云中以淡积云和浓积云为主,但其中有少部分已发展成积雨云,此时应根据积雨云的具体类别,C_L 应编报电码为 3 或 9。

(3)只要确实看到积雨云的母体,无论是否闻雷或看见闪电,虽积雨云云底不在本站,C_L 亦应编报电码 3 或 9。

但是,测站虽已闻雷或看见闪电而确实未看到积雨云的母体时,则 C_L 不能编报电码 3 或 9,而应根据实际观测到的云况编报。

(4)当普通层积云下的部分积云已发展成积雨云时,虽其云量较少,也应根据积雨云的具体类别,把 C_L 应编报为电码 3 或 9。

(5)天空中有积云(包括淡积云和浓积云)有一部分已平衍成层积云,并已确定这种平衍的趋势已成为云的主要演变趋势时,即使层积云的云量较少,C_L 云也应编报电码 4。但须注意,当这种平衍的趋势还不能确定为云的主要演变趋势时,C_L 以编报电码 1 或 2 为宜。

(6)$C_L=1$ 和 $C_L=7$ 的编报

$C_L=1$ 和 $C_L=7$ 云天的形成过程和所代表的天气是完全不同的。$C_L=1$ 一般代表晴好天气的云天,淡积云、碎积云是因热力、动力对流作用将近地面水汽输送到凝结高度而生成的。$C_L=7$ 所表示的常是恶劣天气的云天,碎云主要是由于上面的云层有降水,降水在空中蒸发,使之水汽含量增多达到饱和而凝结形成,经乱流扰动作用,个别云体可有隆起(类似于 $C_L=1$ 的碎积云),但它总是和降水有关,属于派生的云。所以 $C_L=1$ 与 $C_L=7$,一般是比较容易区别的。

在雨层云或蔽光高层云($C_M=2$)下面的碎云,通常应编报 $C_L=7$;但有时在 $C_M=2$ 的云下确有淡积云、碎积云存在而无碎雨云,如下面所举二例,则 C_L 应编报电码 1。

i. 在山地区域,空气沿山坡上升或山谷雾抬高而形成淡积云或碎积云,而同时有 $C_M=2$ 的云存在,则 C_L 应编报电码 1。

ii. 天空原有淡积云或晴天碎积云,以后天空出现了 $C_M=2$ 的云,这时原有 $C_L=1$ 的云尚未消失,则 C_L 应编报电码 1。

(7)$C_L=5$ 和 $C_L=8$ 的编报

$C_L=5$ 表示天空 C_L 云中以普通层积云为主,有时可伴有少量的积云性层积云或碎层云。

$C_L=8$ 的云天一般说明大气过程正处于向稳定方向或向直展方向发展的十字路口。一般在大气的某一高度上先有一阻挡层存在,阻挡层下有较稳定的透光或蔽光层积云(有时可伴有少量的积云性层积云);然后在层积云下,由于近地面气层中对流加强而有对流云(即淡积云、浓积云)生成和发展而与层积云同时存在。

i. 普通层积云与积云同时存在时的编报:

普通层积云与淡积云、浓积云同时存在时，通常云底不在同一高度上，此时，无论积云云量有多少，C_L都应编报电码 8，而不报电码 5。

如果确实观测到普通层积云与淡积云同高存在时，则 C_L以云量多的编报（电码 5 或 1）；若两者量亦相同，则可根据其发展趋势选报。

如果普通层积云与浓积云同高存在，则 C_L应编报电码 2。

ii. 普通层积云下有碎积云的编报：

这种云天的形成可能有下面两种演变过程，应分别编报：

一般天气（非恶劣天气）的情况：天空原有 Sc 云存在，以后 Sc 云的下面出现 Fc 云。这种云天演变情况，C_L适合于编报电码 8。

恶劣天气转好的情况：天空原有 Ns 云存在并有降水，Ns 下面有 Fn 云形成。以后降水停止，天气转好，Ns 逐渐演变成 Sc，Fn 演变成 Fc，即在 Sc 支下面有 Fc 云同时存在。如果 Fc 趋于消散，C_L宜编报电码 5；如果 Fc 正在发展中，则 C_L宜编报电码 8。

（8）普通层积云下有碎雨云时的编报

这种云天通常发生在由恶劣天气转好的情况下。如原来天空有雨层云布满全天并有降水，雨层云下有碎雨云存在。以后降水停止，雨层云逐渐变成普通层积云，但其下的碎雨云还未消失。这就形成普通层积云下具有恶劣天气下的碎雨云的云天。此时，应根据具体演变情况分别编报 C_L：

i. 当天空以碎雨云为主，或天空虽以普通层积云为主但碎雨云相当多（云量＞3）时，C_L应编报电码 7。

ii. 当天空以普通层积云为主而碎雨云云量很少（≤3）时，C_L应编报电码 5。

A. 2　C_M—中云状，按表 A-2 编报

表 A-2　C_M电码表

电码	技术性说明	非技术性说明
0	没有 C_M云	没有高积云、高层云、雨层云
1	透光高层云	薄的（半透明的）高层云，从这种云看过去，可以朦胧地看到太阳或月亮，好像隔着一层毛玻璃一样
2	蔽光高层云或雨层云	厚的高层云或雨层云（有时从云层的某些部分看过去，可以找到比较明亮的小块来指示出太阳或月亮的位置）
3	透光高积云，较稳定，并且在同一个高度上	薄的（半透明的）高积云，各个云块没有显著变化，并且在同一高度上
4	透光高积云（常呈荚状）或荚状层积云，连续不断地在改变中，并且出现在一个或几个高度上	一块块薄的（半透明的）高积云片或层积云片（常呈荚状）；云块连续不断地在变化中，并且出现在一个或几个高度上

续表

电码	技术性说明	非技术性说明
5	成带的或成层的透光高积云,有系统地侵入天空,常常全部增厚,甚至有一部分已变成蔽光高积云或复高积云	成带或成层的薄的(半透明的)高积云,迅速向天空扩展,并且全部增厚,它的一部分可能已变成不透光的或成为双层的
6	积云性高积云	由积云或积雨云扩展而成的高积云
7	复高积云或蔽光高积云,不是有系统地侵盖天空;或者高层云和高积云同时存在	可能有下列情况:(1)双层高积云,通常有些部分不透明,不是有系统地侵盖天空;(2)一厚层的(不透明的)高积云;不是有系统地侵盖天空;(3)在同一高度上或在不同高度上有高层云和高积云
8	积云状高积云(絮状的或堡状的)或堡状层积云	呈积云形状的,一球一球的高积云或具有小塔形状的高积云或高层云
9	混乱天空的高积云,常出现在几个高度上	混乱天空的高积云,常出现在几个高度上
×	由于黑暗、雾、沙尘暴或其他类似现象,或者完整的较低云层存在,以致看不到属于C_M的各属云	

(1)当有堡状或絮状高积云或堡状层积云存在时,虽其云量很少,C_M也应编报电码 8。

(2)天空呈混乱状态,高积云出现在几个高度上,云体各异,排列散乱,此时 C_M应编报电码 9。

(3)C_M=7 所编报的双层高积云,各自都应是基本连续成层的。比如在大片透光高积云下只有孤立的微量荚状高积云时,应按编报云量多的原则,C_M编报电码 3,而不能编报电码 7。

(4)C_M、C_H电码“×”的说明“……或有完整的较低云层存在……”一般是指云量为 10 或 10^-(天空有云隙)。但须注意,这里的较低云层,可以是一个满布天空的较低云层,也可以是两个或两个以上高度不同的较低云层;在后一种情况下,如它们累积云量为 10 或 10^-(天空有云隙)时,亦称为完整的云层。例如,观测到天空有量 6 的高层云和量 4 的层积云,总云量已达到 10,这时 C_H就编报×。

A.3　C_H—高云状,按表 A-3 编报

表 A-3　C_H电码表

电码	技术性说明	非技术性说明
0	没有 C_H云	没有卷云、卷层云、卷积云
1	毛卷云,分散在天空,不是有系统地侵盖天空	一丝丝的或一条条的卷云,分散在天空,不是有系统地侵盖天空(通常叫马尾云)

续表

电码	技术性说明	非技术性说明
2	密卷云,成散片或卷曲束状,通常量不增加,有时好像是积雨云顶部的残余部分	散布的或卷曲的一束束的浓密的卷云,通常量不增加,有时好像是积雨云顶部的残余部分
3	伪卷云,或为过去的积雨云的残余部分,或为远处母体看不到的积雨云的顶部	卷云,常为砧状,或者是积雨云顶部的残余部分,或为远处母体看不到的积雨云的顶部(假使对这种卷云是来自积雨云有怀疑时,那么应该报电码 2)
4	卷云(常常是钩卷云)有系统地侵盖天空,并且常常全部增厚	卷云(常常是钩状的)渐渐地在天空中伸展,并且常常全部增厚
5	辐辏状卷云和卷层云,或只有卷层云,有系统地侵盖天空,且常全部增厚,但卷层云幕前缘的高度角不到 45°	卷云(常成一带带的向地平线辐合)和卷层云,或只有卷层云;总是渐渐地在天空中伸展着,并且常常全部增厚,卷层云幕前缘的高度角不到 45°
6	辐辏状卷云和卷层云,或只有卷层云,有系统地侵盖天空,且常全部增厚,同时卷层云幕前缘的高度角已超过 45°,但未布满全天	卷云(常成一带带的向地平线辐合)和卷层云,或只有卷层云;总是渐渐地在天空中伸展着,并且常常全部增厚,同时卷层云幕前缘的高度角已超过 45°,但未布满全天
7	卷层云布满全天	卷层云幕遮蔽整个天空
8	卷层云,不是有系统地侵盖天空,也没有布满全天	卷层云,不是有系统地侵盖天空,也没有遮蔽整个天空
9	卷积云	只有卷积云;或卷积云伴有卷云或(和)卷层云,但卷积云量多于其他高云
×	由于黑暗、雾、沙尘暴或其他类似现象,或者完整的较低云层存在,以致看不到属于 C_H 的各属云	

(1)卷积云与卷层云同时存在,卷积云量多于卷层云,但卷层云正逐渐侵盖天空,C_H 即应编报电码 5 或 6。

(2)若确实看到远处地平线附近有积雨云,且无法确定其云底高度,但积雨云顶部已演变成伪卷云出现在本站上空,N_h 可编报 1,C_L 编报电码 9,h 编报×,C_H 编报电码 3。

(3)见 A.2　C_M 的编报规定(4)。

附录B　饱和水汽压与温度的关系表(表B-1—B-2)

表B-1　纯水平液面饱和水汽压 E(hPa)

t	0.0	0.1	0.2	0.3	0.4	0.5	0.6	0.7	0.8	0.9
−39	0.210	0.208	0.205	0.203	0.201	0.199	0.197	0.195	0.193	0.191
−38	0.232	0.230	0.228	0.225	0.223	0.221	0.218	0.216	0.214	0.212
−37	0.257	0.254	0.252	0.249	0.247	0.244	0.242	0.239	0.237	0.235
−36	0.284	0.281	0.278	0.276	0.273	0.270	0.268	0.265	0.262	0.260
−35	0.314	0.311	0.308	0.305	0.302	0.299	0.296	0.293	0.290	0.287
−34	0.346	0.343	0.340	0.336	0.333	0.330	0.326	0.323	0.320	0.317
−33	0.382	0.378	0.374	0.371	0.367	0.364	0.360	0.357	0.353	0.350
−32	0.420	0.416	0.412	0.408	0.405	0.401	0.397	0.393	0.389	0.385
−31	0.463	0.458	0.454	0.450	0.445	0.441	0.437	0.433	0.429	0.424
−30	0.509	0.504	0.499	0.494	0.490	0.485	0.481	0.476	0.472	0.467
−29	0.559	0.554	0.548	0.543	0.538	0.533	0.528	0.523	0.518	0.514
−28	0.613	0.608	0.602	0.596	0.591	0.585	0.580	0.575	0.569	0.564
−27	0.673	0.666	0.660	0.654	0.648	0.642	0.636	0.631	0.625	0.619
−26	0.737	0.730	0.724	0.717	0.711	0.704	0.698	0.691	0.685	0.679
−25	0.807	0.800	0.792	0.785	0.778	0.771	0.764	0.757	0.750	0.744
−24	0.883	0.875	0.867	0.859	0.852	0.844	0.836	0.829	0.821	0.814
−23	0.965	0.956	0.948	0.939	0.931	0.923	0.915	0.907	0.898	0.890
−22	1.654	1.044	1.035	1.026	1.017	1.008	0.999	0.991	0.982	0.973
−21	1.150	1.140	1.130	1.120	1.110	1.101	1.091	1.082	1.072	1.063
−20	1.254	1.243	1.232	1.222	1.211	1.201	1.190	1.180	1.170	1.160
−19	1.366	1.354	1.343	1.332	1.320	1.309	1.298	1.287	1.276	1.265
−18	1.487	1.475	1.462	1.450	1.438	1.426	1.414	1.402	1.390	1.378
−17	1.618	1.605	1.591	1.578	1.565	1.552	1.539	1.526	1.513	1.500
−16	1.759	1.745	1.730	1.716	1.702	1.688	1.673	1.660	1.646	1.632
−15	1.911	1.896	1.880	1.865	1.849	1.834	1.819	1.804	1.789	1.774
−14	2.075	2.058	2.041	2.025	2.008	1.992	1.975	1.959	1.943	1.927
−13	2.251	2.233	2.215	2.197	2.179	2.162	2.144	2.127	2.109	2.092
−12	2.440	2.421	2.401	2.382	2.363	2.344	2.325	2.307	2.288	2.269
−11	2.644	2.623	2.602	2.581	2.561	2.540	2.520	2.500	2.480	2.460
−10	2.862	2.840	2.817	2.795	2.773	2.751	2.729	2.708	2.686	2.665
−9	3.097	3.072	3.048	3.025	3.001	2.977	2.954	2.931	2.908	2.885

续表

t	0.0	0.1	0.2	0.3	0.4	0.5	0.6	0.7	0.8	0.9
−8	3.348	3.322	3.296	3.271	3.245	3.220	3.195	3.170	3.145	3.121
−7	3.617	3.589	3.562	3.534	3.507	3.480	3.453	3.427	3.400	3.374
−6	3.906	3.876	3.846	3.817	3.788	3.759	3.730	3.702	3.673	3.645
−5	4.214	4.182	4.151	4.119	4.088	4.057	4.026	3.996	3.966	3.935
−4	4.544	4.510	4.477	4.443	4.410	4.377	4.344	4.311	4.278	4.246
−3	4.897	4.861	4.825	4.789	4.753	4.718	4.683	4.548	4.613	4.579
−2	5.275	5.236	5.197	5.159	5.121	5.083	5.045	5.008	4.971	4.934
−1	5.677	5.636	5.595	5.554	5.513	5.473	5.432	5.393	5.353	5.314
−0	6.107	6.063	6.019	5.975	5.932	5.889	5.846	5.803	5.761	5.719
0	6.11	6.15	6.20	6.24	6.29	6.33	6.38	6.42	6.47	6.52
1	6.57	6.61	6.66	6.71	6.76	6.81	6.85	6.90	6.95	7.00
2	7.05	7.10	7.16	7.21	7.26	7.31	7.36	7.41	7.47	7.52
3	7.57	7.63	7.68	7.74	7.79	7.85	7.90	7.96	8.01	8.07
4	8.13	8.19	8.24	8.30	8.36	8.42	8.48	8.54	8.60	8.66
5	8.72	8.78	8.84	8.90	8.96	9.03	9.09	9.15	9.22	9.28
6	9.35	9.41	9.48	9.54	9.61	9.67	9.74	9.81	9.88	9.94
7	10.01	10.08	10.15	10.22	10.29	10.36	10.43	10.50	10.58	10.65
8	10.72	10.79	10.87	10.94	11.02	11.09	11.17	11.24	11.32	11.40
9	11.47	11.55	11.63	11.71	11.79	11.87	11.95	12.03	12.11	12.19
10	12.27	12.35	12.44	12.52	12.60	12.69	12.77	12.86	12.94	13.03
11	13.12	13.21	13.29	13.38	13.47	13.56	13.65	13.74	13.83	13.92
12	14.02	14.11	14.2	14.30	14.39	14.48	14.58	14.68	14.77	14.87
13	14.97	15.07	15.16	15.26	15.36	15.46	15.56	15.67	15.77	15.87
14	15.98	16.08	16.18	16.29	16.39	16.50	16.61	16.72	16.82	16.93
15	17.04	17.15	17.26	17.37	17.49	17.60	17.71	17.83	17.94	18.06
16	18.17	18.29	18.40	18.52	18.64	18.76	18.88	19.00	19.12	19.24
17	19.37	19.49	19.61	19.74	19.86	19.99	20.11	20.24	20.37	20.50
18	20.63	20.76	20.89	21.02	21.15	21.29	21.42	21.55	21.69	21.83
19	21.96	22.10	22.24	22.38	22.52	22.66	22.80	22.94	23.08	23.23
20	23.37	23.52	23.66	23.81	23.96	24.10	24.25	24.40	24.55	24.71
21	24.86	25.01	25.17	25.32	25.48	25.63	25.79	25.95	26.11	26.27
22	26.43	26.59	26.75	26.92	27.08	27.24	27.41	27.58	27.75	27.91
23	28.08	28.25	28.43	28.60	28.77	28.94	29.12	29.30	29.47	29.65
24	29.83	30.01	30.19	30.37	30.55	30.74	30.92	31.11	31.29	31.48
25	31.67	31.86	32.05	32.24	32.43	32.62	32.82	33.01	33.21	33.41

续表

t	0.0	0.1	0.2	0.3	0.4	0.5	0.6	0.7	0.8	0.9
26	33.61	33.81	34.01	34.21	34.41	34.61	34.82	35.02	35.23	35.44
27	35.65	35.86	36.07	36.28	36.49	36.71	36.92	37.14	37.35	37.57
28	37.79	38.01	38.24	38.46	38.68	38.91	39.13	39.36	39.59	39.82
29	40.05	40.28	40.52	40.75	40.99	41.22	41.46	41.70	41.94	42.18
30	42.43	42.67	42.92	43.16	43.41	43.66	43.91	44.16	44.41	44.67
31	44.92	45.18	45.44	45.70	45.96	46.22	46.48	46.75	47.01	47.28
32	47.55	47.82	48.09	48.36	48.63	48.91	49.19	49.46	49.74	50.02
33	50.30	50.59	50.87	51.16	51.44	51.73	52.02	52.31	52.61	52.90
34	53.20	53.49	53.79	54.09	54.39	54.70	55.00	55.31	55.61	55.92
35	56.23	56.54	56.86	57.17	57.49	57.81	58.13	58.45	58.77	59.09
36	59.42	59.75	60.07	60.40	60.74	61.07	61.40	61.74	62.08	62.42
37	62.76	63.1	63.45	63.79	64.14	64.49	64.84	65.19	65.55	65.90
38	66.26	66.62	66.98	67.34	67.71	68.07	68.44	68.81	69.18	69.56
39	69.93	70.31	70.68	71.06	71.45	71.83	72.21	72.60	72.99	73.38

表 B-2 纯水平冰面饱和水汽压 E_i(hPa)

t	0.0	0.1	0.2	0.3	0.4	0.5	0.6	0.7	0.8	0.9
−40	0.128	0.127	0.125	0.124	0.123	0.121	0.120	0.118	0.117	0.116
−39	0.144	0.142	0.140	0.139	0.137	0.136	0.134	0.133	0.131	0.130
−38	0.161	0.159	0.157	0.155	0.154	0.152	0.150	0.148	0.147	0.145
−37	0.179	0.177	0.175	0.174	0.172	0.170	0.168	0.166	0.164	0.162
−36	0.200	0.198	0.196	0.194	0.192	0.190	0.187	0.185	0.183	0.181
−35	0.223	0.221	0.218	0.216	0.214	0.211	0.209	0.207	0.205	0.202
−34	0.249	0.246	0.243	0.241	0.238	0.236	0.233	0.231	0.228	0.226
−33	0.277	0.274	0.271	0.268	0.265	0.262	0.260	0.257	0.254	0.251
−32	0.308	0.305	0.301	0.298	0.295	0.292	0.289	0.286	0.283	0.280
−31	0.342	0.338	0.335	0.331	0.328	0.325	0.321	0.318	0.314	0.311
−30	0.380	0.376	0.372	0.368	0.364	0.360	0.357	0.353	0.349	0.346
−29	0.421	0.417	0.413	0.408	0.404	0.400	0.396	0.392	0.388	0.384
−28	0.467	0.462	0.457	0.453	0.448	0.443	0.439	0.434	0.430	0.426
−27	0.517	0.512	0.506	0.501	0.496	0.491	0.486	0.481	0.476	0.472
−26	0.572	0.566	0.560	0.555	0.549	0.544	0.538	0.533	0.527	0.522
−25	0.632	0.626	0.620	0.614	0.607	0.601	0.595	0.589	0.583	0.578
−24	0.698	0.691	0.685	0.678	0.671	0.665	0.658	0.651	0.645	0.639

续表

t	0.0	0.1	0.2	0.3	0.4	0.5	0.6	0.7	0.8	0.9
−23	0.771	0.763	0.756	0.748	0.741	0.734	0.727	0.719	0.712	0.705
−22	0.850	0.842	0.834	0.826	0.817	0.810	0.802	0.794	0.786	0.778
−21	0.937	0.928	0.919	0.910	0.901	0.892	0.884	0.875	0.867	0.858
−20	1.032	1.022	1.012	1.002	0.993	0.983	0.974	0.964	0.955	0.946
−19	1.135	1.124	1.114	1.103	1.093	1.082	1.072	1.062	1.052	1.041
−18	1.248	1.236	1.225	1.213	1.202	1.190	1.179	1.168	1.157	1.146
−17	1.371	1.358	1.346	1.333	1.321	1.308	1.296	1.284	1.272	1.260
−16	1.505	1.491	1.478	1.464	1.450	1.437	1.423	1.410	1.397	1.384
−15	1.651	1.636	1.621	1.606	1.591	1.577	1.562	1.548	1.534	1.519
−14	1.810	1.794	1.778	1.761	1.745	1.729	1.713	1.698	1.682	1.667
−13	1.983	1.965	1.948	1.930	1.912	1.895	1.878	1.861	1.844	1.827
−12	2.171	2.152	2.132	2.113	2.094	2.075	2.057	2.038	2.020	2.001
−11	2.375	2.354	2.333	2.312	2.292	2.271	2.251	2.231	2.211	2.191
−10	2.597	2.574	2.551	2.528	2.506	2.484	2.462	2.440	2.418	2.397
−9	2.837	2.812	2.787	2.763	2.738	2.714	2.690	2.667	2.643	2.620
−8	3.097	3.070	3.043	3.017	2.990	2.964	2.938	2.913	2.887	2.862
−7	3.379	3.350	3.321	3.292	3.263	3.235	3.207	3.179	3.152	3.124
−6	3.684	3.652	3.621	3.590	3.559	3.528	3.498	3.468	3.438	3.408
−5	4.014	3.980	3.946	3.912	3.879	3.846	3.813	3.780	3.748	3.716
−4	4.371	4.334	4.297	4.261	4.225	4.189	4.154	4.118	4.083	4.049
−3	4.756	4.717	4.677	4.638	4.599	4.560	4.522	4.483	4.446	4.408
−2	5.173	5.130	5.087	5.044	5.002	4.961	4.919	4.878	4.837	4.797
−1	5.622	5.575	5.529	5.484	5.438	5.393	5.348	5.304	5.260	5.216
0	6.106	6.056	6.007	5.957	5.908	5.860	5.811	5.763	5.716	5.669

附录C 海平面气压订正简表

基地海拔高度 22.0 米

P_z / T_m	975	976	977	978	979	980	981	982	983	984	985	986	987
−12	977.9	978.9	979.9	980.9	981.9	982.9	983.9	984.9	985.9	986.9	988.0	989.0	990.0
−10	977.9	978.9	979.9	980.9	981.9	982.9	983.9	984.9	985.9	986.9	988.0	989.0	990.0
−8	977.9	978.9	979.9	980.9	981.9	982.9	983.9	984.9	985.9	986.9	987.9	988.9	989.9
−6	977.9	978.9	979.9	980.9	981.9	982.9	983.9	984.9	985.9	986.9	987.9	988.9	989.9
−4	977.9	978.9	979.9	980.9	981.9	982.9	983.9	984.9	985.9	986.9	987.9	988.9	989.9
−2	977.8	978.8	979.8	980.8	981.8	982.8	983.8	984.8	985.8	986.8	987.9	988.9	989.9
0	977.8	978.8	979.8	980.8	981.8	982.8	983.8	984.8	985.8	986.8	987.9	988.9	989.9
2	977.8	978.8	979.8	980.8	981.8	982.8	983.8	984.8	985.8	986.8	987.8	988.8	989.8
4	977.8	978.8	979.8	980.8	981.8	982.8	983.8	984.8	985.8	986.8	987.8	988.8	989.8
6	977.8	978.8	979.8	980.8	981.8	982.8	983.8	984.8	985.8	986.8	987.8	988.8	989.8
8	977.7	978.7	979.7	980.7	981.7	982.7	983.7	984.7	985.7	986.7	987.8	988.8	989.8
10	977.7	978.7	979.7	980.7	981.7	982.7	983.7	984.7	985.7	986.7	987.8	988.8	989.8
12	977.7	978.7	979.7	980.7	981.7	982.7	983.7	984.7	985.7	986.7	987.7	988.7	989.7
14	977.7	978.7	979.7	980.7	981.7	982.7	983.7	984.7	985.7	986.7	987.7	988.7	989.7
16	977.7	978.7	979.7	980.7	981.7	982.7	983.7	984.7	985.7	986.7	987.7	988.7	989.7
18	977.6	978.6	979.6	980.6	981.6	982.6	983.6	984.6	985.6	986.6	987.7	988.7	989.7
20	977.6	978.6	979.6	980.6	981.6	982.6	983.6	984.6	985.6	986.6	987.7	988.7	989.7
22	977.6	978.6	979.6	980.6	981.6	982.6	983.6	984.6	985.6	986.6	987.6	988.6	989.6
24	977.6	978.6	979.6	980.6	981.6	982.6	983.6	984.6	985.6	986.6	987.6	988.6	989.6
26	977.6	978.6	979.6	980.6	981.6	982.6	983.6	984.6	985.6	986.6	987.6	988.6	989.6
28	977.6	978.6	979.6	980.6	981.6	982.6	983.6	984.6	985.6	986.6	987.6	988.6	989.6
30	977.5	978.5	979.5	980.5	981.5	982.5	983.5	984.5	985.5	986.5	987.6	988.6	989.6
32	977.5	978.5	979.5	980.5	981.5	982.5	983.5	984.5	985.5	986.5	987.6	988.6	989.6
34	977.5	978.5	979.5	980.5	981.5	982.5	983.5	984.5	985.5	986.5	987.5	988.5	989.5
36	977.5	978.5	979.5	980.5	981.5	982.5	983.5	984.5	985.5	986.5	987.5	988.5	989.5
38	977.5	978.5	979.5	980.5	981.5	982.5	983.5	984.5	985.5	986.5	987.5	988.5	989.5

续表

T_m \ P_z	988	989	990	991	992	993	994	995	996	997	998	999	1000
−12	991.0	992.0	993.0	994.0	995.0	996.0	997.0	998.0	999.0	1000.0	1001.0	1002.0	1003.0
−10	991.0	992.0	993.0	994.0	995.0	996.0	997.0	998.0	999.0	1000.0	1001.0	1002.0	1003.0
−8	990.9	991.9	992.9	993.9	994.9	995.9	996.9	998.0	999.0	1000.0	1001.0	1002.0	1003.0
−6	990.9	991.9	992.9	993.9	994.9	995.9	996.9	998.0	999.0	1000.0	1001.0	1002.0	1003.0
−4	990.9	991.9	992.9	993.9	994.9	995.9	996.9	997.9	998.9	999.9	1000.9	1001.9	1002.9
−2	990.9	991.9	992.9	993.9	994.9	995.9	996.9	997.9	998.9	999.9	1000.9	1001.9	1002.9
0	990.9	991.9	992.9	993.9	994.9	995.9	996.9	997.9	998.9	999.9	1000.9	1001.9	1002.9
2	990.8	991.8	992.8	993.8	994.8	995.8	996.8	997.9	998.9	999.9	1000.9	1001.9	1002.9
4	990.8	991.8	992.8	993.8	994.8	995.8	996.8	997.8	998.8	999.8	1000.8	1001.8	1002.8
6	990.8	991.8	992.8	993.8	994.8	995.8	996.8	997.8	998.8	999.8	1000.8	1001.8	1002.8
8	990.8	991.8	992.8	993.8	994.8	995.8	996.8	997.8	998.8	999.8	1000.8	1001.8	1002.8
10	990.8	991.8	992.8	993.8	994.8	995.8	996.8	997.8	998.8	999.8	1000.8	1001.8	1002.8
12	990.7	991.7	992.7	993.7	994.7	995.7	996.7	997.8	998.8	999.8	1000.8	1001.8	1002.8
14	990.7	991.7	992.7	993.7	994.7	995.7	996.7	997.7	998.7	999.7	1000.7	1001.7	1002.7
16	990.7	991.7	992.7	993.7	994.7	995.7	996.7	997.7	998.7	999.7	1000.7	1001.7	1002.7
18	990.7	991.7	992.7	993.7	994.7	995.7	996.7	997.7	998.7	999.7	1000.7	1001.7	1002.7
20	990.7	991.7	992.7	993.7	994.7	995.7	996.7	997.7	998.7	999.7	1000.7	1001.7	1002.7
22	990.6	991.6	992.6	993.6	994.6	995.6	996.6	997.7	998.7	999.7	1000.7	1001.7	1002.7
24	990.6	991.6	992.6	993.6	994.6	995.6	996.6	997.7	998.7	999.7	1000.7	1001.7	1002.7
26	990.6	991.6	992.6	993.6	994.6	995.6	996.6	997.6	998.6	999.6	1000.6	1001.6	1002.6
28	990.6	991.6	992.6	993.6	994.6	995.6	996.6	997.6	998.6	999.6	1000.6	1001.6	1002.6
30	990.6	991.6	992.6	993.6	994.6	995.6	996.6	997.6	998.6	999.6	1000.6	1001.6	1002.6
32	990.6	991.6	992.6	993.6	994.6	995.6	996.6	997.6	998.6	999.6	1000.6	1001.6	1002.6
34	990.5	991.5	992.5	993.5	994.5	995.5	996.5	997.6	998.6	999.6	1000.6	1001.6	1002.6
36	990.5	991.5	992.5	993.5	994.5	995.5	996.5	997.5	998.5	999.5	1000.5	1001.5	1002.5
38	990.5	991.5	992.5	993.5	994.5	995.5	996.5	997.5	998.5	999.5	1000.5	1001.5	1002.5

续表

T_m \ P_z	1001	1002	1003	1004	1005	1006	1007	1008	1009	1010	1011	1012	1013
−12	1004.0	1005.0	1006.0	1007.0	1008.0	1009.0	1010.0	1011.0	1012.0	1013.0	1014.0	1015.0	1016.0
−10	1004.0	1005.0	1006.0	1007.0	1008.0	1009.0	1010.0	1011.0	1012.0	1013.0	1014.0	1015.0	1016.0
−8	1004.0	1005.0	1006.0	1007.0	1008.0	1009.0	1010.0	1011.0	1012.0	1013.0	1014.0	1015.0	1016.0
−6	1004.0	1005.0	1006.0	1007.0	1008.0	1009.0	1010.0	1011.0	1012.0	1013.0	1014.0	1015.0	1016.0
−4	1003.9	1004.9	1005.9	1006.9	1008.0	1009.0	1010.0	1011.0	1012.0	1013.0	1014.0	1014.9	1015.9
−2	1003.9	1004.9	1005.9	1006.9	1007.9	1008.9	1009.9	1010.9	1011.9	1012.9	1013.9	1014.9	1015.9
0	1003.9	1004.9	1005.9	1006.9	1007.9	1008.9	1009.9	1010.9	1011.9	1012.9	1013.9	1014.9	1015.9
2	1003.9	1004.9	1005.9	1006.9	1007.9	1008.9	1009.9	1010.9	1011.9	1012.9	1013.9	1014.9	1015.9
4	1003.8	1004.8	1005.8	1006.8	1007.8	1008.8	1009.8	1010.9	1011.9	1012.9	1013.9	1014.9	1015.9
6	1003.8	1004.8	1005.8	1006.8	1007.8	1008.8	1009.8	1010.8	1011.8	1012.8	1013.8	1014.8	1015.8
8	1003.8	1004.8	1005.8	1006.8	1007.8	1008.8	1009.8	1010.8	1011.8	1012.8	1013.8	1014.8	1015.8
10	1003.8	1004.8	1005.8	1006.8	1007.8	1008.8	1009.8	1010.8	1011.8	1012.8	1013.8	1014.8	1015.8
12	1003.8	1004.8	1005.8	1006.8	1007.8	1008.8	1009.8	1010.8	1011.8	1012.8	1013.8	1014.8	1015.8
14	1003.7	1004.7	1005.7	1006.7	1007.8	1008.8	1009.8	1010.8	1011.8	1012.8	1013.8	1014.8	1015.8
16	1003.7	1004.7	1005.7	1006.7	1007.7	1008.7	1009.7	1010.7	1011.7	1012.7	1013.7	1014.7	1015.7
18	1003.7	1004.7	1005.7	1006.7	1007.7	1008.7	1009.7	1010.7	1011.7	1012.7	1013.7	1014.7	1015.7
20	1003.7	1004.7	1005.7	1006.7	1007.7	1008.7	1009.7	1010.7	1011.7	1012.7	1013.7	1014.7	1015.7
22	1003.7	1004.7	1005.7	1006.7	1007.7	1008.7	1009.7	1010.7	1011.7	1012.7	1013.7	1014.7	1015.7
24	1003.7	1004.7	1005.7	1006.7	1007.7	1008.7	1009.7	1010.7	1011.7	1012.7	1013.7	1014.7	1015.7
26	1003.6	1004.6	1005.6	1006.6	1007.7	1008.7	1009.7	1010.7	1011.7	1012.7	1013.7	1014.7	1015.7
28	1003.6	1004.6	1005.6	1006.6	1007.6	1008.6	1009.6	1010.6	1011.6	1012.6	1013.6	1014.6	1015.6
30	1003.6	1004.6	1005.6	1006.6	1007.6	1008.6	1009.6	1010.6	1011.6	1012.6	1013.6	1014.6	1015.6
32	1003.6	1004.6	1005.6	1006.6	1007.6	1008.6	1009.6	1010.6	1011.6	1012.6	1013.6	1014.6	1015.6
34	1003.6	1004.6	1005.6	1006.6	1007.6	1008.6	1009.6	1010.6	1011.6	1012.6	1013.6	1014.6	1015.6
36	1003.5	1004.5	1005.5	1006.5	1007.6	1008.6	1009.6	1010.6	1011.6	1012.6	1013.6	1014.6	1015.6
38	1003.5	1004.5	1005.5	1006.5	1007.6	1008.6	1009.6	1010.6	1011.6	1012.6	1013.6	1014.6	1015.6

续表

P_z / T_m	1014	1015	1016	1017	1018	1019	1020	1021	1022	1023	1024	1025	1026
−12	1017.0	1018.1	1019.1	1020.1	1021.1	1022.1	1023.1	1024.1	1025.1	1026.1	1027.1	1028.1	1029.1
−10	1017.0	1018.0	1019.0	1020.0	1021.0	1022.0	1023.0	1024.0	1025.0	1026.0	1027.0	1028.1	1029.1
−8	1017.0	1018.0	1019.0	1020.0	1021.0	1022.0	1023.0	1024.0	1025.0	1026.0	1027.0	1028.1	1029.1
−6	1017.0	1018.0	1019.0	1020.0	1021.0	1022.0	1023.0	1024.0	1025.0	1026.0	1027.0	1028.0	1029.0
−4	1016.9	1018.0	1019.0	1020.0	1021.0	1022.0	1023.0	1024.0	1025.0	1026.0	1027.0	1028.0	1029.0
−2	1016.9	1018.0	1019.0	1020.0	1021.0	1022.0	1023.0	1024.0	1025.0	1026.0	1027.0	1028.0	1029.0
0	1016.9	1018.0	1019.0	1020.0	1021.0	1022.0	1023.0	1024.0	1025.0	1026.0	1027.0	1028.0	1029.0
2	1016.9	1017.9	1018.9	1019.9	1020.9	1021.9	1022.9	1023.9	1024.9	1025.9	1026.9	1027.9	1028.9
4	1016.9	1017.9	1018.9	1019.9	1020.9	1021.9	1022.9	1023.9	1024.9	1025.9	1026.9	1027.9	1028.9
6	1016.8	1017.9	1018.9	1019.9	1020.9	1021.9	1022.9	1023.9	1024.9	1025.9	1026.9	1027.9	1028.9
8	1016.8	1017.9	1018.9	1019.9	1020.9	1021.9	1022.9	1023.9	1024.9	1025.9	1026.9	1027.9	1028.9
10	1016.8	1017.8	1018.8	1019.8	1020.8	1021.8	1022.8	1023.8	1024.8	1025.8	1026.8	1027.9	1028.9
12	1016.8	1017.8	1018.8	1019.8	1020.8	1021.8	1022.8	1023.8	1024.8	1025.8	1026.8	1027.8	1028.8
14	1016.8	1017.8	1018.8	1019.8	1020.8	1021.8	1022.8	1023.8	1024.8	1025.8	1026.8	1027.8	1028.8
16	1016.7	1017.8	1018.8	1019.8	1020.8	1021.8	1022.8	1023.8	1024.8	1025.8	1026.8	1027.8	1028.8
18	1016.7	1017.8	1018.8	1019.8	1020.8	1021.8	1022.8	1023.8	1024.8	1025.8	1026.8	1027.8	1028.8
20	1016.7	1017.7	1018.7	1019.7	1020.7	1021.7	1022.7	1023.7	1024.7	1025.7	1026.7	1027.8	1028.8
22	1016.7	1017.7	1018.7	1019.7	1020.7	1021.7	1022.7	1023.7	1024.7	1025.7	1026.7	1027.8	1028.8
24	1016.7	1017.7	1018.7	1019.7	1020.7	1021.7	1022.7	1023.7	1024.7	1025.7	1026.7	1027.7	1028.7
26	1016.7	1017.7	1018.7	1019.7	1020.7	1021.7	1022.7	1023.7	1024.7	1025.7	1026.7	1027.7	1028.7
28	1016.6	1017.7	1018.7	1019.7	1020.7	1021.7	1022.7	1023.7	1024.7	1025.7	1026.7	1027.7	1028.7
30	1016.6	1017.7	1018.7	1019.7	1020.7	1021.7	1022.7	1023.7	1024.7	1025.7	1026.7	1027.7	1028.7
32	1016.6	1017.6	1018.6	1019.6	1020.6	1021.6	1022.6	1023.6	1024.6	1025.6	1026.6	1027.7	1028.7
34	1016.6	1017.6	1018.6	1019.6	1020.6	1021.6	1022.6	1023.6	1024.6	1025.6	1026.6	1027.6	1028.6
36	1016.6	1017.6	1018.6	1019.6	1020.6	1021.6	1022.6	1023.6	1024.6	1025.6	1026.6	1027.6	1028.6
38	1016.6	1017.6	1018.6	1019.6	1020.6	1021.6	1022.6	1023.6	1024.6	1025.6	1026.6	1027.6	1028.6

续表

T_m \ P_z	1027	1028	1029	1030	1031	1032	1033	1034	1035	1036	1037	1038	1039
−12	1030.1	1031.1	1032.1	1033.1	1034.1	1035.1	1036.1	1037.1	1038.1	1039.1	1040.1	1041.1	1042.1
−10	1030.1	1031.1	1032.1	1033.1	1034.1	1035.1	1036.1	1037.1	1038.1	1039.1	1040.1	1041.1	1042.1
−8	1030.1	1031.0	1032.1	1033.1	1034.1	1035.1	1036.1	1037.1	1038.1	1039.1	1040.1	1041.1	1042.1
−6	1030.0	1031.0	1032.0	1033.0	1034.0	1035.0	1036.0	1037.0	1038.1	1039.1	1040.1	1041.1	1042.1
−4	1030.0	1031.0	1032.0	1033.0	1034.0	1035.0	1036.0	1037.0	1038.0	1039.0	1040.0	1041.0	1042.0
−2	1030.0	1031.0	1032.0	1033.0	1034.0	1035.0	1036.0	1037.0	1038.0	1039.0	1040.0	1041.0	1042.0
0	1030.0	1031.0	1032.0	1033.0	1034.0	1035.0	1036.0	1037.0	1038.0	1039.0	1040.0	1041.0	1042.0
2	1029.9	1030.9	1031.9	1032.9	1033.9	1034.9	1035.9	1036.9	1038.0	1039.0	1040.0	1041.0	1042.0
4	1029.9	1030.9	1031.9	1032.9	1033.9	1034.9	1035.9	1036.9	1038.0	1039.0	1040.0	1041.0	1042.0
6	1029.9	1030.9	1031.9	1032.9	1033.9	1034.9	1035.9	1036.9	1037.9	1038.9	1039.9	1040.9	1041.9
8	1029.9	1030.9	1031.9	1032.9	1033.9	1034.9	1035.9	1036.9	1037.9	1038.9	1039.9	1040.9	1041.9
10	1029.9	1030.9	1031.9	1032.9	1033.9	1034.9	1035.9	1036.9	1037.9	1038.9	1039.9	1040.9	1041.9
12	1029.8	1030.8	1031.8	1032.8	1033.8	1034.8	1035.8	1036.8	1037.8	1038.8	1039.8	1040.8	1041.8
14	1029.8	1030.8	1031.8	1032.8	1033.8	1034.8	1035.8	1036.8	1037.8	1038.8	1039.8	1040.8	1041.8
16	1029.8	1030.8	1031.8	1032.8	1033.8	1034.8	1035.8	1036.8	1037.8	1038.8	1039.8	1040.8	1041.8
18	1029.8	1030.8	1031.8	1032.8	1033.8	1034.8	1035.8	1036.8	1037.8	1038.8	1039.8	1040.8	1041.8
20	1029.8	1030.8	1031.8	1032.8	1033.8	1034.8	1035.8	1036.8	1037.8	1038.8	1039.8	1040.8	1041.8
22	1029.8	1030.8	1031.8	1032.8	1033.8	1034.8	1035.8	1036.8	1035	1036	1037	1038	1039
24	1029.7	1030.7	1031.7	1032.7	1033.7	1034.7	1035.7	1036.7					
26	1029.7	1030.7	1031.7	1032.7	1033.7	1034.7	1035.7	1036.7					
28	1029.7	1030.7	1031.7	1032.7	1033.7	1034.7	1035.7	1036.7					
30	1029.7	1030.7	1031.7	1032.7	1033.7	1034.7	1035.7	1036.7					
32	1029.7	1030.7	1031.7	1032.7	1033.7	1034.7	1035.7	1036.7					
34	1029.6	1030.6	1031.6	1032.6	1033.6	1034.6	1035.6	1036.6					
36	1029.6	1030.6	1031.6	1032.6	1033.6	1034.6	1035.6	1036.6					
38	1029.6	1030.6	1031.6	1032.6	1033.6	1034.6	1035.6	1036.6					

续表

T_m \ P_z	1040	1041	1042	1043	1044	M 值
−12	1043.1	1044.1	1045.1	1046.1	1047.1	3.01
−10	1043.1	1044.1	1045.1	1046.1	1047.1	2.99
−8	1043.1	1044.1	1045.1	1046.1	1047.1	2.97
−6	1043.1	1044.1	1045.1	1046.1	1047.1	2.95
−4	1043.0	1044.0	1045.0	1046.0	1047.0	2.92
−2	1043.0	1044.0	1045.0	1046.0	1047.0	2.90
0	1043.0	1044.0	1045.0	1046.0	1047.0	2.89
2	1043.0	1044.0	1045.0	1046.0	1047.0	2.86
4	1043.0	1044.0	1045.0	1046.0	1047.0	2.84
6	1042.9	1043.9	1044.9	1045.9	1046.9	2.82
8	1042.9	1043.9	1044.9	1045.9	1046.9	2.80
10	1042.9	1043.9	1044.9	1045.9	1046.9	2.78
12	1042.8	1043.8	1044.8	1045.8	1046.8	2.76
14	1042.8	1043.8	1044.8	1045.8	1046.8	2.74
16	1042.8	1043.8	1044.8	1045.8	1046.8	2.72
18	1042.8	1043.8	1044.8	1045.8	1046.8	2.70
20	1042.8	1043.8	1044.8	1045.8	1046.8	2.68
22						2.67
24						2.65
26						2.63
28						2.61
30	查表方法举例：本站气压 1024.7 hPa，T_m=18.5。T_m 查接近的度数即可，气压小数可直接加上去。即：海平面气压为 1026.8+0.7=1027.5。					2.60
32						2.58
34						2.56
36						2.54
38						2.53

附录 D 天气现象的编码(7 wwW_1W_2)

D.1 天气现象编报中应注意的一些原则规定

(1)过去六(或三)小时内如观测到规定要编报的天气现象时,必须编报本组,不能省略; 如没有出现规定要编报的天气现象(即 wwW1 W2 只能编报 0000)时,本组省略不报。

(2)本组是与天气报电码 i_Ri_XhVV 组中的 i_X 互相配合的,如天气报中编报了本组,i_X 应编报 1(或 4);如本组省略不报时,i_X 应编报 2(或 5)。不能观测天气现象的自动站,不编报 7 wwW_1W_2 组,i_X 固定编报 6。

(3)时段用语中时间概念的规定

"观测时"是指定时观测的 15 分钟,以 08 时为例,取 07:45—08:00(包括 08:00,不包括 07:45;下同);

"观测前一小时"是指定时观测的 45 分钟,以 08 时为例,取 07:00—07:45;

"过去一小时"是包括"观测时"和"观测前一小时"在内的 60 分钟,以 08 时为例 07:00—08:00;

"过去六小时"是指前一次基本天气观测到本次基本天气观测的六小时,以 08 时为例,即 02:00—08:00;

"过去三小时"是指前一次基本天气观测到本次补充天气观测的三小时,以 05 时为例 02:00—05:00。

(4)W_1 和 W_2 的编码必须与 ww 的编码配合,使之尽可能完善地反映出过去天气时段内出现的各种天气现象。

(5)按正常观测程序观测完毕后,正点前又出现了新的天气现象,而该现象比原报现象的电码为大;或者原编报了电码 20—49,以后又出现电码 17、18、19 的天气现象,有关各项要素都应补测改报。

D.2 电码说明

7—指示码,表示其后为现在天气现象和过去天气现象资料。

ww—现在天气现象,是指观测时和(或)观测前一小时内出现的天气现象。应根据天气现象的性质、强度(及其变化)、出现时间和地点等,从附表 D-1 中选用最合适的电码编报。

附表 D-1　现在天气现象电码表

（电码 00—49 观测时测站上没有降水；电码 50—99 观测时测站上有降水）

	电码	现在天气现象
过去一小时内没有出现规定要编报 ww 的各种天气现象	00	没有出现规定要编报 ww 的各种天气现象
	(01)	不用
	(02)	不用
	(03)	不用
烟、霾、尘、沙	(04)	观测时水平能见度因烟（草原或森林着火而引起的烟，工厂排出的烟）或火山爆发的灰尘障碍而降低
	05	观测时有霾
	06	观测时有浮尘，广泛散布的浮在空中的尘土，不是在观测时由测站或测站附近的风所吹起来的
	07	观测时由测站或测站附近的风吹起来的扬沙或尘土，但还没有发展成完好的尘卷风或沙尘暴；或飞沫吹到观测船上
	(08)	观测时或观测前一小时内在测站或测站附近看到发展完好的尘卷风，但没有沙尘暴
	09	观测时视区内有沙尘暴，或者观测前一小时内测站有沙尘暴
观测时有轻雾、浅雾	10	轻雾
	(11)	测站有浅雾，呈片状，在陆地上厚度不超过 2 米，在海上不超过 10 米
	(12)	测站有浅雾，基本连续，在陆地上厚度不超过 2 米，在海上不超过 10 米
观测时在视区内出现的天气现象	(13)	闪电
	14	视区内有降水，没有到达地面或海面
	15	视区内有降水，已经到达地面或海面，但估计距测站 5 千米以外
	16	视区内有降水，已经到达地面或海面，在测站附近，但本站无降水
观测时测站没有降水的雷暴、飑、龙卷	(17)	雷暴，但观测时测站没有降水
	(18)	飑，观测时或观测前一小时内在测站或视区内出现
	(19)	龙卷，观测时或观测前一小时内在测站或视区内出现
观测前一小时内测站有降水、雾或雷暴，但观测时没有这些现象	20	毛毛雨（非阵性的）
	21	雨（非阵性的）
	22	雪、米雪或冰粒（非阵性的）
	23	雨夹雪，或雨夹冰粒（非阵性的）
	24	毛毛雨或雨，并有雨凇结成（非阵性的）

续表

	电码	现在天气现象
	25	阵雨
	26	阵雪,或阵性雨夹雪
	27	冰雹或霰(伴有或不伴有雨)
	28	雾
	(29)	雷暴(伴有或不伴有降水)
观测时有沙尘暴	30	轻的或中度的沙尘暴,过去一小时内减弱
	31	轻的或中度的沙尘暴,过去一小时内没有显著的变化
	32	轻的或中度的沙尘暴,过去一小时内开始或增强
	33	强的沙尘暴,过去一小时内减弱
	34	强的沙尘暴,过去一小时内没有显著的变化
	35	强的沙尘暴,过去一小时内开始或增强
观测时有吹雪	(36)	轻的或中度的低吹雪,吹雪所达高度一般低于值班员的眼睛(水平视线)
	(37)	强的低吹雪,吹雪所达高度一般低于值班员的眼睛(水平视线)
	(38)	轻的或中度的高吹雪,吹雪所达高度一般高于值班员的眼睛(水平视线)
	(39)	强的高吹雪,吹雪所达高度一般高于值班员的眼睛(水平视线),或雪暴
观测时有雾	40	观测时近处有雾,其高度高于值班员的眼睛(水平视线),但观测前一小时内测站没有雾
	41	散片的雾
	42	雾,过去一小时内已变薄,天空可辨明
	43	雾,过去一小时内已变薄,天空不可辨
	44	雾,过去一小时内强度没有显著的变化,天空可辨明
	45	雾,过去一小时内强度没有显著的变化,天空不可辨
	46	雾,过去一小时内开始出现或已变浓,天空可辨明
	47	雾,过去一小时内开始出现或已变浓,天空不可辨
	48	雾,有雾凇结成,天空可辨明
	49	雾,有雾凇结成,天空不可辨
观测时测站有毛毛雨	50	间歇性轻毛毛雨
	51	连续性轻毛毛雨
	52	间歇性中常毛毛雨
	53	连续性中常毛毛雨
	54	间歇性浓毛毛雨
	55	连续性浓毛毛雨
	56	轻的毛毛雨,并有雨凇结成
	57	中常的或浓的毛毛雨,并有雨凇结成
	58	轻的毛毛雨夹雨
	59	中常的或浓的毛毛雨夹雨

续表

	电码	现在天气现象
观测时测站有非阵性的雨	60	间歇性小雨
	61	连续性小雨
	62	间歇性中雨
	63	连续性中雨
	64	间歇性大雨
	65	连续性大雨
	66	小雨,并有雨凇结成
	67	中雨或大雨,并有雨凇结成
	68	小的雨夹雪,或轻毛毛雨夹雪
	69	中常的或大的雨夹雪,或中常的或浓的毛毛雨夹雪
观测时测站有非阵性固体降水	70	间歇性小雪
	71	连续性小雪
	72	间歇性中雪
	73	连续性中雪
	74	间歇性大雪
	75	连续性大雪
	(76)	冰针(伴有或不伴有雾)
	(77)	米雪(伴有或不伴有雾)
	(78)	孤立的星状雪晶(伴有或不伴有雾)
	(79)	冰粒
观测时测站有阵性降水,但观测时和观测前一小时内无雷暴	80	小的阵雨
	81	中常的阵雨
	82	大的阵雨
	83	小的阵性雨夹雪
	84	中常或大的阵性雨夹雪
	85	小的阵雪
	86	中常或大的阵雪
	(87)	小的阵性霰,伴有或不伴有雨或雨夹雪
	(88)	中常或大的阵性霰,伴有或不伴有雨或雨夹雪
	89	轻的冰雹,伴有或不伴有雨或雨夹雪
	90	中常或强的冰雹,伴有或不伴有雨或雨夹雪
观测前一小时内有雷暴,观测时无雷暴而有降水	(91)	观测前一小时内有雷暴,观测时有小雨
	(92)	观测前一小时内有雷暴,观测时有中雨或大雨
	(93)	观测前一小时内有雷暴,观测时有小(轻)的雪或雨夹雪或霰或冰雹
	(94)	观测前一小时内有雷暴,观测时有中常或大(强)的雪或雨夹雪或霰或冰雹
观测时有雷暴和降水	(95)	小或中常的雷暴,观测时没有冰雹或霰,但有雨或雪或雨夹雪 小或中常的雷暴,观测时伴有冰雹或霰
	(96)	大雷暴,观测时没有冰雹或霰,但有雨或雪或雨夹雪
	(97)	雷暴,观测时伴有沙尘暴和降水
	(98)	大雷暴,观测时伴有冰雹或霰
	(99)	

ww 编报规则

规则 1:如果现在天气现象可以用几个码来编报时,一般应选择其中最大的一个码编报。用括号括起来的电码,目前不再使用。但是电码 28 应比 40 优先选用。

例(1)观测前一小时内测站有雾,观测时测站近处有雾,有效能见度已等于或大于 1000 米,ww 应编报电码 28,而不编报电码 40。

规则 2:观测时 15 分钟内出现的现象都算是"观测时的现象"。当观测时 15 分钟内先后出现两种或两种以上现象时,尽量合并选码,不能合并选码的,则按选大码的原则编报。

"合并选码"是考虑到有些伴见天气现象常间断出现,为便于编报而作的特殊规定。但是必须注意,毛毛雨夹雨(雪)、雨夹雪(包括阵性)、雨(毛毛雨、雾)并有雨(雾)凇结成等,必须是两种现象同时出现,才能选报有关电码。

规则 3:只有观测时或观测前一小时内出现了间歇性天气,才可以选用那些表示间歇性天气现象的电码编报。

连续性、间歇性和阵性降水,可按以下特点进行判别:

i. 连续性降水:降水持续时间较长,在降水过程中强度变化很小,多降自 Ns 与 As 云中。

ii. 间歇性降水:降水时降时止,或降水虽未停止而强度变化却时大时小,但这些变化都很缓慢;在降水停止或强度变小的时间内,天空和其他要素没有什么显著变化。此种降水多降自 As 与 Sc 云中。

iii. 阵性降水:降水强度变化很快,骤降骤止,天空时而昏黑时而部分明亮开朗(但也不是每次天空都开朗),气压、气温和风等要素有时也发生显著变化。此种降水多降自 Cb 云中。

规则 4:有些天气现象编报时需区分强度。强度分为小(轻)、中常、大(浓、强)三级,根据观测时的降水情况或有效能见度参照天气现象强度表进行判定。

i. 毛毛雨并有雨凇结成(电码 56、57)、雨并有雨凇结成(电码 66、67)的强度,分别按毛毛雨或雨的强度判定。

ii. 毛毛雨夹雨(电码 58、59)、毛毛雨夹雪或雨夹雪(电码 68、69、83、84)的强度,按其中主要现象的强度判定。

iii. 当毛毛雨、雪与雾同时存在时,可由值班员灵活处理,一般不必区分毛毛雨、雪单独对能见度的影响,可用实际有效能见度确定毛毛雨、雪的强度;但如明显为雾中零星小雪或轻毛毛雨时,ww 亦可编报 70、71 或 50、51。

规则 5:只有当测站有效能见度≥1000 米时看到的雾才能编报 ww 电码 40、41。如测站有效能见度<1000 米,则应选择 42—49 中的适当电码编报。

规则 6:当雾与烟、霾等现象同时存在时,不必区分各自对能见度的影响。只要测站有效能见度<1000 米，ww 即可选择 42—49 中的适当电码编报。

规则 7：测站编报时，不用 01、02、03、11、12、36、37 和 78 等八个电码。

规则 8：根据《地面气象观测业务改革调整技术规定》，取消雷暴、闪电、飑、龙卷、烟幕、尘卷风、极光、霰、米雪、冰粒、吹雪、雪暴、冰针等 13 种天气现象，同时取消相应的现在天气现象电码 04、08、13、17、18、19、29、38、39、76、77、79、87、88、91—99。出现雪暴、霰、米雪时，记为雪，编报雪的电码。这 4 种天气现象与雨同时出现时，记为雨夹雪，编报雪的电码。

附表 D-2　天气现象强度表

	小(轻)	中常	大(浓、强)
沙尘暴	0.5 千米≤有效能见度<1 千米 (电码:30;31;32)	0.5 千米≤有效能见度<1 千米 (电码:30;31;32)	有效能见度<0.5 千米 (电码:33;34;35)
吹雪	有效能见度≥1 千米 (电码:36;38)	有效能见度≥1 千米(电码:36;38)	有效能见度<1 千米 (电码:37;39)
雨(连续、间歇)、阵雨	雨点清晰可辨，没有飘浮现象；下到地面石板或屋瓦不四溅，地面泥水浅洼形成很慢，降后至少两分钟以上始能完全滴湿石板或屋瓦，屋上雨声缓和，屋檐只有滴水。(电码:60;61;80)	雨落如线，雨滴不易分辨；落硬地或屋瓦上即四溅；水洼泥潭形成很快，屋上有淅淅沥沥的雨声。 (电码:62;63;81)	雨降如倾盆，模糊成片，落到屋瓦和硬地上四溅高达数寸，水潭形成极快，能见度大减，屋上雨声如擂鼓，作哗哗的喧闹声。 (电码:64;65,82)
毛毛雨、雪、阵雪	有效能见度≥1 千米 (电码:50;51;70;71;85)	0.5≤有效能见度<1 千米 (电码 52;53;72;73;86)	有效能见度<0.5 千米 (电码:54;55;74;75;86)
冰雹、霰	仅有少数雹粒、霰粒可见，地面不显累积。(电码:87;89)	降速中常，地面稍见累积。 (电码:88;90)	大量下降迅速累积于地面 (电码:88;90)
雷暴	云与云之间或云与地之间，有偶发或频见的闪电及雷声。雷暴过顶时，风速一般不超过 17.0 米/秒或风力小于八级。 (电码:95;96)	云与云之间或云与地之间，有偶发或频见的闪电及雷声。雷暴过顶时，风速一般不超过 17.0 米/秒或风力小于八级。 (电码:95;96)	闪电强烈而且连续发生，有大而紧接的雷声，大雨随降；时或夹以强度不同的阵雹。大雷暴过顶时，风速在 17.0 米/秒或以上(风力达到或超过八级)，气压、气温、风等也有剧烈变化。 (电码:97;99)

附表 D-3　过去天气现象电码表

电码	天气现象	附:对应的 ww 电码
0	部分或整个时段内无 3—9 码的各种天气现象	00
3	沙尘暴、吹雪或雪暴	09,30—35,38,39,98
4	雾	28,42—49
5	毛毛雨	20,24,50—57,58,59
6	非阵性的雨	21,24,58,59,60—67
7	非阵性的固体降水或混合降水	22,23,68,69,70—75,77,79
8	阵性降水	25—27,80—90,91—99
9	雷暴(伴有或不伴有降水)	17,29,91—99

注:(1)ww 电码 24、58、59 和 91—99 分别对应两个 W_1W_2码。

(2)W_1W_2电码不编报 ww 电码 04—08、10、13—16、18、19、40、41 和 76 所表示的天气现象; 但是对于飑和龙卷,虽不直接编报它,却仍应编报与之伴随出现的雷暴、降水、沙尘暴等现象。

(3)根据《地面气象观测业务改革调整技术规定》,取消过去天气现象电码 9。

D.3　W_1W_2与 ww 的配合编报规定

(1)W_1W_2的编报应按照“过去天气现象电码表”的划分,从 ww 编码所对应的 W_1W_2码之外的其他码(0 码除外)中选报。

(2)按(1)的要求,有两个或两个以上码可供选报 W_1、W_2码时,须以其中码数最大的编报 W_1,次大的编报 W_2。

例(1)

≡ 1—6^{50}

❟ 6^{30} — 7^{20}

⋇ 7^{20}(小)— 7^{50}

• 7^{50}(间歇,小)— 9

在 08 时报中,首先确定 ww 编码,观测时间内先后出现雨夹雪和雨,ww 选人码应编报 68。W_1W_2应从雨夹雪以外的雾、毛毛雨和雨中选报,W_1以码数最大的 6(雨)编报,W_2以码数次大的 5(毛毛雨)编报,不考虑天气现象出现的时间长短和先后。所以,7 wwW_1W_2组应编报为 76865。

如果上例中,雨夹雪转雨的时间为 7^{45},则 ww 应编报 60,W_1W_2应从雨以外的雾、毛毛雨和雨夹雪中选报,编报 75。所以整组应编报为 76075。

例(2)

≡ 1—4^{20}

❟ 4^{10}—5^{15}

⋇ 5^{15}—6^{05}

⋇ 6^{05}(间歇,小)—7^{46}

在 08 时报中，观测时间内虽只有 1 分钟的间歇性小雪，ww 仍应编报 70。编报 W_1W_2时，因为雨夹雪和 ww 已编报的雪都属于 W_1W_2电码 7，故 W_1和 W_2应以雪以外的雾和毛毛雨编报为 54。所以整组应编报为 77054。

(3)按(1)的要求，只有另一种天气现象可编报 W_1、W_2码时，

i. 如果 ww 所编报的天气现象开始出现在过去 1 小时以前，应重复编报此现象。此时，应从此种现象和另一种现象中选电码大的编报 W_1，小的编报 W_2。

例(1)

❟ 1^{20}—6^{45}
⁎̣ 6^{45}—7^{05}
⁎ 7^{05}(连续，中)—8

在 08 时报中，ww 编报 73；与雪同属于过去天气电码 7 的雨夹雪开始出现在过去 1 小时前，故 W_1和 W_2应以雨夹雪和毛毛雨编报为 75。所以整组应编报为 77375。

例(2)

≡ 2—8^{10}(过去 1 小时内已变薄，天空不可辨)
⁎ 7^{30}—7^{40}

在 08 时报中，ww 编报 43；W_1W_2应以雪和雾编报为 74。所以整组应编报为 74374。

ii. 如果 ww 所编报的天气现象只出现在过去 1 小时以内，就不再重复编报它，而以另一种现象编报为 W_1；至于 W_2的编报，要看该现象持续的时段而定。如果 W_1码现象持续占满过去 1 小时之前的整个时段(间歇性或阵性降水等现象的固有间断应看作是持续存在)，则 W_2重复编报 W_1码(即 $W_1=W_2$)；如果 W_1码现象未持续占满过去 1 小时之前的整个时段，则 W_2编报 0。

例(1)

❟ 8—13^{10}
⁎̣ 13^{10}—13^{30}
⁎ 13^{30}(间歇，中)—14^{10}

在 14 时报中，ww 编报 72；雨夹雪也出现在过去 1 小时内，不再编报，而另一种现象毛毛雨持续占满过去 1 小时之前的整个时段，故 W_1W_2重复编报为 55。所以整组应编报为 77255。

例(2)

• 8—13^{05}
▽̇ 13^{10}—14^{10}(中)

在 14 时报中，阵雨出现在观测时，ww 编报 81；雨持续占满过去 1 小时之前的整个时段，故 W_1W_2重复编报 66。所以整组应编报 78166。

(4)过去天气时段内只出现 ww 所编报的一类现象时,如果这类现象只出现在过去 1 小时以内,则 W_1W_2编报 00。如果这类现象出现在过去 1 小时以前,就用它编报 W_1;至于的 W_2编报,要看这类现象是否持续占满过去 1 小时以前的整个时段而定,同(3)中 ii 的规定。

例(1)

▽̇ $10^{50}—13^{40}$
△ $13^{05}—13^{10}$

在 14 时报中,ww 编报 27;过去天气时段内只出现阵性降水一类现象,阵雨开始出现在过去 1 小时前,但未占满过去 1 小时之前的整个时段,故 W_1编报 8,W_2编报 0,所以整组应编报 72780。

例(2)

• 14(间歇,小)—19^{50}

在 20 时报中,过去天气时段内只出现雨一种现象,持续占满过去 1 小时之前的整个时段,且延续到观测时,所以,7 wwW_1W_2组应编报为 76066。

(5)ww 编报 00 或过去天气现象电码表下注(2)中各码时,W_1W_2直接从过去天气时段内出现的电码 3—9 现象中选取,并按(2)或(3)ii 的规定编报。如果整个时段内没有出现 W_1W_2规定要编报的现象时,则 W_1W_2编报 00(若 ww 亦编报 00,则 7 wwW_1W_2组省略不报,i_X报 2)。

例(1)

≡ $1—5^{40}$
❟ $5^{30}—6^{20}$
• $6^{20}—6^{50}$

在 08 时报中,ww 编报 00;W_1、W_2直接从过去 1 小时前出现的雾、毛毛雨和雨中选报为 65,所以整组应编报为 70065。

例(2)

=($2—8^{10}$)
✻ $5^{30}—6^{20}$　$6^{25}—6^{50}$

在 08 时报中,7 wwW_1W_2组应编报为 71070。如果上例中未出现雪,则 7 wwW_1W_2组应编报为 71000。

例(3)

≡ $7^{10}—7^{40}$
✻ 7^{48}—8(连续,小)

在 08 时报中,ww 编报 71;W_1W_2以过去 1 小时内出现的雾编报 40,所以整组应编报为 77140。

附录E　地面气象观测记录簿(气簿-1)

年　月　日

时间	02			08			14			20			合计	平均	
能见度													—	—	
总/低云量	/			/			/			/			/	/	
云状													—	—	
													—	—	
													—	—	
													—	—	
													—	—	
$C_LC_MC_H$													—	—	
云高													—	—	
风向、风速													—	—	
wwW1W2													—	—	
降水量 定时													—	—	
降水量 RR													—	—	
	读数	订正值	订正后	读数	订正值	订正后	读数	订正值	订正后	读数	订正值	订正后	—	—	
干球温度															
湿球温度													—	—	
毛发表															
最高温度													日最高		
最低温度													日最低		
水汽压															
相对湿度															
露点温度													最低温度表酒精柱		
温度计															
湿度计													读数	订正值	订正后
附属温度															
气压读数															
本站气压															
T_{12}，T_m													—	—	
海平面气压															
气压计													—	—	
a，pp													—	—	
ΔP_{24}，T_{24}													—	—	

观测员　________　________　________　________

校对员　________　________　________　________

时间	02			08			14			20			合计	平均	20时人工观测		
地温	读数	订正值	订正后	读数	订正值	订正后	读数	订正值	订正后	读数	订正值	订正后			读数	订正值	订正后
0厘米																	
地面最高													日最高				
地面最低													日最低				
5厘米																	
10厘米																	
15厘米																	
20厘米																	
40厘米																	
地面状态	—			—			20时			20时人工观测			蒸发	原量	降水量	余量	蒸发量
8时	第一栏	第一栏		80厘米													
冻土深度 上限				160厘米									小型				
冻土深度 下限				320厘米									E601B				
雪深	1	2	3	平均	样本重量									平均			
					雪压												
电线积冰	最大			气温	风向	风速	记 事								日照时数		
	直径	厚度	重量														
南北																	
东西																	

	夜 间	白 天	备 注
天气现象			

观测员 ________ ________ ________ ________

校对员 ________ ________ ________ ________

年　月　日

时间	02			08			14			20			合计	平均
能见度													—	—
总/低云量	/			/			/			/			/	/
云状													—	—
													—	—
													—	—
													—	—
													—	—
$C_LC_MC_H$													—	—
云高													—	—
风向、风速													—	—
wwW1W2													—	—
降水量 定时													—	—
降水量 RR													—	—
	读数	订正值	订正后	读数	订正值	订正后	读数	订正值	订正后	读数	订正值	订正后	—	—
干球温度														
湿球温度													—	—
毛发表														
最高温度													日最高	
最低温度													日最低	
水汽压														
相对湿度														
露点温度													最低温度表酒精柱	
温度计														
湿度计													读数	订正值 订正后
附属温度														
气压读数														
本站气压														
T_{12}，T_m													—	—
海平面气压														
气压计													—	—
a，pp													—	—
ΔP_{24}，T_{24}													—	—

观测员 ＿＿＿＿　＿＿＿＿　＿＿＿＿　＿＿＿＿

校对员 ＿＿＿＿　＿＿＿＿　＿＿＿＿　＿＿＿＿

时间	02			08			14			20			合计	平均	20时人工观测		
地温	读数	订正值	订正后	读数	订正值	订正后	读数	订正值	订正后	读数	订正值	订正后			读数	订正值	订正后
0厘米																	
地面最高													日最高				
地面最低													日最低				
5厘米																	
10厘米																	
15厘米																	
20厘米																	
40厘米																	

地面状态		—		—		20时			20时人工观测			蒸发	原量	降水量	余量	蒸发量
8时		第一栏	第一栏	80厘米												
冻土深度	上限			160厘米								小型				
	下限			320厘米								E601B				

雪深	1	2	3	平均	样本重量					平均
					雪压					

电线积冰	最大			气温	风向	风速	记 事	日照时数
	直径	厚度	重量					
南北								
东西								

天气现象	夜 间	白 天	备 注

观测员 ＿＿＿＿＿＿　＿＿＿＿＿＿　＿＿＿＿＿＿　＿＿＿＿＿＿

校对员 ＿＿＿＿＿＿　＿＿＿＿＿＿　＿＿＿＿＿＿　＿＿＿＿＿＿

年　月　日

时间	02			08			14			20			合计	平均
能见度													—	—
总/低云量	/			/			/			/			/	/
云状													—	—
													—	—
													—	—
													—	—
													—	—
$C_LC_MC_H$													—	—
云高													—	—
风向、风速													—	—
wwW1W2													—	—
降水量 定时													—	—
降水量 RR													—	—
	读数	订正值	订正后	读数	订正值	订正后	读数	订正值	订正后	读数	订正值	订正后	—	—
干球温度														
湿球温度													—	—
毛发表														
最高温度													日最高	
最低温度													日最低	
水汽压														
相对湿度														
露点温度													最低温度表酒精柱	
温度计														
湿度计													读数	订正值 / 订正后
附属温度														
气压读数														
本站气压														
T_{12}，T_m													—	—
海平面气压														
气压计													—	—
a，pp													—	—
ΔP_{24}，T_{24}													—	—

观测员 ________　________　________　________

校对员 ________　________　________　________

时间	02			08			14			20			合计	平均	20时人工观测		
地温	读数	订正值	订正后	读数	订正值	订正后	读数	订正值	订正后	读数	订正值	订正后			读数	订正值	订正后
0厘米																	
地面最高													日最高				
地面最低													日最低				
5厘米																	
10厘米																	
15厘米																	
20厘米																	
40厘米																	

地面状态		—		—	20时		20时人工观测			蒸发	原量	降水量	余量	蒸发量
8时		第一栏	第一栏	80厘米										
冻土深度	上限			160厘米						小型				
	下限			320厘米						E601B				

雪深	1	2	3	平均	样本重量				平均
					雪压				

电线积冰	最大			气温	风向	风速	记事	日照时数
	直径	厚度	重量					
南北								
东西								

天气现象	夜间	白天	备注

观测员 ____________　____________　____________　____________

校对员 ____________　____________　____________　____________

附录F　天气报告观测记录簿（气簿-2）

年　　月　　日

时间																																					
能见度																																					
总云量																																					
N_h																																					
电码	C_1																																				
	C_2																																				
	C_3																																				
h云高																																					
风向、风速																																					
ww	W_2																																				
降水量																																					
		读数	器差	订正后	读数	器差	订正后	读数	器差	订正后	读数	器差	订正后	读数	器差	订正后	读数	器差	订正后	读数	器差	订正后	读数	器差	订正后	读数	器差	订正后	读数	器差	订正后	读数	器差	订正后	读数	器差	订正后
干球温度																																					
湿球温度																																					
相对湿度																																					
水汽压																																					
露点温度																																					
附属速度																																					
气压读数																																					
本站气压																																					
T_{12}，T_m																																					
海平面气压																																					
P_3																																					
a，ppp																																					
P_{24}，ΔP_{24}																																					
T_{24}，ΔT_{24}																																					
观测																																					
校对																																					

注：内容和格式略改。

附录G　OSSMO 2004 软件简介

地面气象测报业务软件(Operational Software for Surface Meteorological Observation 2004,简称为 OSSMO 2004)适用于人工观测和自动站观测方式的各类气象观测站,以及各级审核部门对地面气象观测资料模式文件的审核及信息化处理。该软件适用于 CAWS-600、DYYZ、ZQZ 等不同厂家自动站。

该软件由中国华云技术开发公司、安徽省气象局、湖北省气象局和北京华创升达高科技发展中心联合开发研制,2005 年 1 月 1 日正式投入业务运行。软件主要包括四个部分:自动气象站监控软件、地面气象测报业务软件,通讯组网接口软件、自动气象站数据质量控制,其中自动气象站监控软件、地面气象测报业务软件各模块主要功能见附表 G-1、G-2。参数设置、观测数据输入方法、报文编发等功能与 ISOS 软件类似,不再赘述。

附表 G-1　自动气象站监控软件主要模块功能

序号	各模块名称	子菜单	主要功能
1	数据采集	实时数据与状态	显示自动气象站的实时数据与状态
		常规数据卸载	从自动气象站采集器中卸载 Z 文件和分钟数据文件所需要的数据
		辐射数据卸载	从自动气象站采集器中卸载 H 文件所需要的辐射数据
2	数据查询	分钟数据查询	查询各个气象要素的分钟数据
		小时数据查询	查询各个气象要素的正点数据
		大风资料查询	查阅近期出现的大风情况
3	自动站维护	时间设置	校正采集器和计算机的时间
		采集器终端	可输入采集器命令,对采集器的工作状态和采集数据进行检查
		自动站参数设置	包括自动气象站驱动程序和端口设置等内容
		采集数据系数设置	方便厂家对自动气象站采集数据进行订正,设置订正系数
		特殊观测项目设置	为了某种特殊需要,增设除常规观测要素以外的其他传感器
4	系统参数	台站参数	台站参数包括台站基本参数、定时编报参数、重要天气报参数、航空报参数、热带气旋加密报参数、加密雨量报参数、气象旬月报参数和气候月报参数
		地面审核规则库	用于地面气象观测定时记录输入时对记录极值的判断和月年地面气象数据文件的审核
		文件传输路径设置	设置报文传输时,传送到远程接收服务器的目标路径
		自动站组网设置	设置实时数据上传所需的网络通讯环境
		选项	设置对数据采集和系统维护起辅助作用的一些参数
		用户设置	设置管理员用户及密码
5	帮助	内容/关于/华云主页	提供软件说明、帮助及版本信息、联系方式等

附表 G-2　地面气象测报业务软件主要模块功能

序号	各模块名称	子菜单	主要功能
1	参数设置	台站参数	包括台站基本参数、定时编报参数、重要天气报参数、航空报参数、热带气旋加密报参数、加密雨量报参数、气象旬月报参数和气候月报参数
		省区台站参数	是为国家、省、地级资料审核部门和管理部门而设定的，用于对管辖的全部气象站基本参数的维护
		仪器检定证数据	气象站现用仪器的检定证数据(包括辐射仪器)
		旬月历史数据	用于编发气象旬月报和气候月报所需的累年气候资料
		地面审核规则库	用于地面气象观测定时记录输入时对记录极值的判断和月年地面气象数据文件的审核
		辐射审核数据	用于气象辐射数据文件的审核
2	观测编报	定时观测	用于定时观测记录的维护、计算和数据保存，并形成正点实时上传数据文件
		天气报(代航空报)	按照规定格式输入要素，编发天气报/航空报
		天气加密报(代航空报)	按照规定格式输入要素，编发天气加密报/航空报
		热带气旋加密报(代航空报)	按照规定格式输入要素，编发热带气旋加密报/航空报
		重要天气报	输入需要编发的有关数据，编发重要天气报
		加密雨量报	编发过去 6 小时(或 12 小时)降水量、1 小时降水量、3 小时降水量和过去 24 小时降水量的单独雨量报
		航空报(代危、解报)	编发航空报、危险报、解除报
		气象旬月报	用于气象旬月报数据的统计、输入、编报、报文发送
		气象月报	用于气象月报数据的统计、输入、编报、报文发送
		查阅报文文件	主要用于查阅历史报文文件，实现下班对上班报文内容的校对
3	数据维护	逐日地面数据维护	对每天定时观测编报保存在 B 文件的数据进行维护，输入逐日天气现象、电线积冰、雪深、雪压、冻土、自记雨量、日照时数、自记风、自记值的日极值(本站气压、相对湿度、最大风、极大风)和月末跨月降水资料等，也可从自动站数据文件读取指定日期的自动站数据和挑取有关日极值记录，完成各项目的日统计
		逐日辐射数据维护	每天从 H 文件读取资料，进行必要的维护后存入全月逐日辐射数据库 RB 文件，或直接输入各日辐射数据形成全月辐射数据库 RB 文件
		B 和采集数据文件备份	对本月的 B 文件、自动气象站采集数据文件进行磁盘或其他移动式存储设备进行备份

续表

序号	各模块名称	子菜单	主要功能
3	数据维护	B 文件→A(J)文件	对定时观测编报和逐日地面数据维护得到的全月完整基本数据文件(B 文件)进行转换,从而得到地面气象观测数据文件(A 文件)
		Z 文件→A 文件	对自动气象站采集形成的 Z 文件进行转换,形成地面气象观测数据文件(A 文件)
		RB 文件→R 文件	对全月逐日辐射数据库 RB 文件进行转换,形成气象辐射观测数据文件(R 文件)
		H 文件→R 文件	对自动气象站采集形成的 H 文件进行转换,形成气象辐射观测数据文件(R 文件)
		A 文件维护	用于建立或修改 A 文件
		格检审核 A 文件	对 A 文件的全部数据进行格式检查,对记录进行相关审核,分析找出各类矛盾或不合理、不正常的记录,达到质量把关的目的
		J 文件审核维护	对 J 文件的全部数据进行格式检查,对记录进行相关审核,并对全部数据进行维护
		Y 文件维护	用于建立或修改 Y 文件
		格检审核 Y 文件	对 Y 文件的全部数据进行格式检查,对记录进行相关审核,分析找出各类矛盾记录,达到质量把关的目的
		R 文件维护	用于建立或修改 R 文件
		格检审核 R 文件	对 R 文件的全部数据进行格式检查,对记录进行相关审核,分析找出各类矛盾或不合理、不正常的记录,达到质量把关的目的
		自动站与人工观测对比	用于单轨运行的自动站与人工观测记录的对比分析
4	报表处理	编制地面月报表	以 A 文件为基本数据源,按照《地面气象观测规范》的规定对 A 文件的数据进行有关统计,编制出可视的《地面气象记录月报表》
		编制辐射月报表	以 R 文件为基本数据源,按照《地面气象观测规范》的规定对 R 文件的数据进行有关统计,编制出可视的《气象辐射记录月报表》
		编制地面年报表	以 Y 文件为基本数据源,编制出可视的《地面气象记录年报表》
5	工作管理	操作员管理	设定对软件有不同操作权限的值班人员
		交接班登记	确定值班人员和上下值班员的交接班时间
		值班日记	用于查阅值班日记内容和本班值班日记的记载,包括工作时段、班次、对上一班的意见、本班值班情况、下班注意事项、本班工作任务清单和本班工作质量等内容
		台站值班任务	用于对设定台站值班班次、固定基数、各班固定工作任务、临时工作任务列表及其对应基数
		地面测报质量维护	用于台站或省地级业务管理部门进行地面气象测报质量统计和编制地面气象测报质量报告表

续表

序号	各模块名称	子菜单	主要功能
6	工具	毛发表订正系数计算	对毛发湿度表(计)读数进行订正求取相对湿度
		降水量五分级计算	利用本站前30年逐月降水量数据统计出来的,并作为台站参数保存,用于编发气候月报
		重力加速度计算	用来计算测站重力加速度,以便于使用水银气压表的气象站在计算本站气压进行重力差订正
		湿度/气压计算	用来计算水汽压、相对湿度、露点温度或本站气压、海平面气压的专用工具
		大气浑浊度计算	用于辐射一级站在仪器不能自动观测时大气浑浊度的观测或用于对自动观测仪器测量值的比对
		可照时数计算	根据经度、纬度和年份计算出的可照时数
		日出日落时间表	根据经度、纬度和年份计算出的全年逐日日出和日落时间
		气压简表制作	根据纬度、气压表海拔高度和气压变化范围,制作出台站常用的本站气压和海平面气压简表
		遮蔽图制作	遮蔽图制作是为有辐射观测任务的观测站绘制地平圈障碍物遮蔽图而设置的
		数据库压缩	用于对月地面基本数据库B文件进行压缩处理
7	帮助	内容/修改说明/关于	提供帮助、修改说明及版本信息